地球のセーターってなあに?

地球環境のいまと、これからの私たち

枝廣淳子

海象社

目次

序文　坂本龍一

第1章　クラスルームから
- 豊かなのはだれ？ ―― 10
- 世界の人口が100人だったら？ ―― 12
- 「地球の人口が100人だったら」を授業に使って ―― 15
- 学級崩壊から総合学習へ ―― 18
- 川崎市立三田小学校の山木校長先生との出会い ―― 26
- 三田小５年生の「環境とエネルギーのポスターセッション」 ―― 29
- 授業研究会で ―― 32
- 三田小５年生の先生からのお手紙 ―― 35
- 高知商業高校の生徒会 ―― 38

第2章　想像力とコミュニケーション
- 持続可能性と山菜～ビジュアル化すること ―― 46
- 見えないものを見せる、感じさせる力 ―― 49
- 環境コミュニケーション、みみをすます ―― 51
- 「身」を通してメッセージを伝えること ―― 55
- 環境ラベル～LCA ―― 58
- 環境問題の学び方についてのお喋り ―― 60
- ローストビーフとライフスタイルの話 ―― 63
- 「価値観を変えなくてはいけない」について ―― 67

第3章　本当の豊かさとは

- ルポルタージュ──循環型社会へ向かう日本の諸相── ── 74
- それぞれの論理とギャップを埋めるために ── 80
- 「徳か得か」から「徳は得」へ ── 86
- 清貧の思想〜幸せの脱物質化〜たのしい不便 ── 88
- 幸せ微分説と、プロシューマー ── 91
- 「生活の質」と「幸せや満足」について ── 94
- 年のはじめに ── 98
- 富山のホタルイカ漁〜GDPに代わる真の進歩指標 ── 102
- 「環境への取り組み＝コストアップ」ではない理由 ── 106
- とてもうれしい報告：環境活動評価プログラム効果の実例 ── 109

第4章　これからのエネルギーとこれからの経済

- 伝統文化やお棺の話 ── 116
- 豊島（てしま）の大きくて小さな、そしてやっぱり大きな問題 ── 117
- ダム〜水の思想、流れの思想 ── 123
- 中国の黄砂とりんごの皮 ── 127
- 動物会議 ── 130
- 京都議定書をめぐる動き〜世代間倫理 ── 135
- ツバル〜クリスマス島 ── 138
- エネルギーってなあに？ ── 141
- エネルギー問題を解く簡単な数字 ── 144
- 日々の収入で暮らす：エネルギーの場合 ── 146
- 日本に水素スタンド誕生？〜燃料電池〜海外のエコエネルギー事情 ── 148
- 水素は二次エネルギー〜雑草からの水素 ── 151
- フロンの話 ── 153
- 新しいタイプの技術〜バイオミミックリー ── 160
- 地域通貨について ── 164

奥能登塩田村〜恒環境化と生物的時間 ——————— 168
CO₂もフロンも……「時間の遅れ」と将来世代 ——————— 173

第5章　はじまりはひとりの力

一人でもできるんだ〜レスターのメッセージ ——————— 178
雑穀(つぶつぶ)の世界へようこそ！ ——————— 180
雑穀の大谷ゆみこさんのお話 ——————— 184
森は海の恋人 ——————— 188
ひっそりと時代の最先端、経木工場見学記 ——————— 192
ネパールの路上ホームレスの子どもたちに避難所を ——————— 196
川口市民環境会議の取り組み「市内一斉エコライフDAY」 ——————— 201
センス・オブ・ワンダー ——————— 207
『センス・オブ・ワンダー』とレイチェル・カーソン、そして上遠恵子さん ——————— 210
傘や靴の修理屋さん ——————— 213
風土が育むFood ——————— 214
魚好きの鶏が産んだ卵は魚の香り ——————— 220
わが町の油田は黄色いじゅうたん ——————— 222
非電化製品を有機工業しよう！〜素晴らしきナマケモノ ——————— 225
ナマケモノになろう、ハチドリになろう ——————— 228

第6章　棚田のわらしべ

桜貝〜棚田〜資源ゴミ ——————— 232
千枚田にて ——————— 235
夏休み旅行後半記 ——————— 236
棚田のお米、ベランダのお米 ——————— 238
棚田のお米と個人通貨のおいしい関係 ——————— 240

あとがき ——————— 246

➢ 序文

　枝廣さんの環境ニュースを読んで誰でもまず圧倒されるのが、その情報量でしょう。「普通の」主婦が、いくら朝2時に起きたとしても、よくもこれだけ多様なテーマを、これだけの深さで扱えるものだと感心してしまう。それだけでなく、その人的交流の幅の広さ、通訳も翻訳もこなし、講演もし、会議にも出席するという、その行動力にも驚嘆。そんな著者をぼくは、ガリガリ勉強してカッカッと素早く歩き、ファッションには全く興味がなくて、男どもを叱咤激励するこわーいスーパーウーマンじゃないかと想像してましたが、実際にお会いした枝廣さんは意外なことに、人の話をよく聞く、もの静かで才色兼備な女性でした。

　この本には、様々な「気づき」へのヒントが散りばめられています。そして気づいたら次にどのように行動すればいいかも。枝廣さんが紹介する多くの事例から浮かび上がってくるのは、人と人との関係、人と他の生物との関係とそれをとりまく自然との関係について、近代を支配してきた思考方法——例えばGNPを豊かさの指標とする、あるいは自然を資源とみなす——ではなく、新たな見方、新たな関係を築くことなしには、現在のような自然破壊、生き物破壊の趨勢は止まらないということだと思います。新たな思考は一つではないので、枝廣さんは、観念的、哲学的に一直線に語るのではなく、多くの事例とともに、たくさんの人々の試行を枝廣さん自身が学びながら、人間の関係を再生させることと、環境を再生させることが実は同じ根っこをもつ問題なのだということ

を、その饒舌な言葉の下で、静かに見つめているような気がします。

　実はぼくがこの本で一番印象に残った記事は、No. 521 (2001.07.25)「学級崩壊から総合学習へ」でした。これは、ある小学校での学級崩壊の危機から総合学習を通して、子どもたちがお互いに自由に意見を言えるようになり、学級崩壊の危機が救われる過程を紹介したものです。本物の民主主義を「手づくり」で模索する子どもたちと、それをやさしく助ける大人たちがいることに、ぼくはまるで奇跡を見るように感動します。そして、自分たちで問題を考え、議論し、意見を交換し、意見の違いを認め合うという、子どもにできることが、なぜぼくたち大人社会ではなかなか機能しないのか、不思議に感じます。

　このように、この本は頭と心で考えることを促します。それをさらに「身体で考える」ことにつなげていくかどうかは、私たち読者が踏み出すほんの小さな一歩にかかっています。

坂本龍一

第1章
クラスルームから

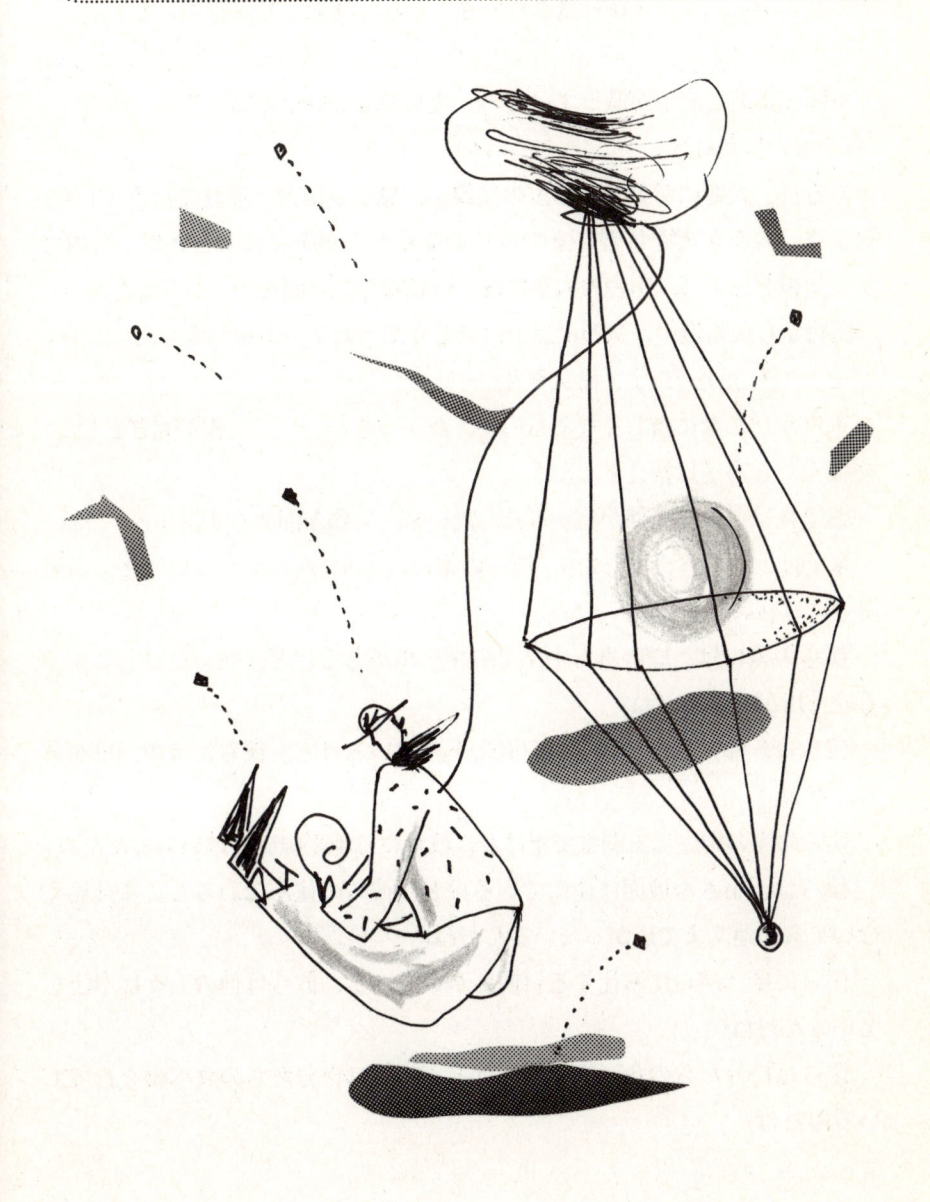

豊かなのはだれ？

No. 581(2001.10.14)

台湾の友人から、メールが転送されてきました。翻訳してお届けします。

　　新聞に素敵な記事が載っていたの。読んでほしいなと思って。
「豊かなのはだれ？」
　　ある日、大変にお金持ちの家の父親が、息子を田舎へ連れて行きました。息子に、人々が実際にどこまで貧しくなるものかを見せようと思ったのです。父親と息子は、田舎の大変に貧しい農家で数日間を過ごしました。
　　田舎から戻る道中、父親は息子に「どうだった？」と尋ねました。
「とってもよかったよ、お父さん」
「人々がどんなに貧しくなるものか、わかったかい？」父親が聞きました。
「うん」と息子は答えました。
「おまえはこの旅で何がわかったんだい？」父親が聞きます。
　　息子は、こう答えました。「僕らの家には犬が1匹しかいないけど、あの農家には4匹いたよ」
「僕らの家には、庭の真ん中までのプールがあるけど、彼らにはどこまでも続く川があるんだね」
「僕らは、輸入したランタンを庭に下げているけど、彼らには夜、星があるんだね」
「僕らの家の中庭は玄関までだけど、彼らには地平線いっぱいあるんだね」
「僕らは、小さな地面に住んでいるけど、彼らの住んでいるところは見えないぐらい遠くまで広がっているんだね」
「僕らには、僕らに奉仕する召使いがいるけど、彼らは他の人々に奉仕しているんだね」
「僕らは自分たちの食べ物を買うけど、彼らは自分たちの食べ物を育てているんだね」

「僕らの家のぐるりには、僕らを守るための壁があるけど、彼らには守ってくれる友だちがいるんだね」
　息子の返事に、父親は言葉を失いました。
　そして、息子はこう言いました。
「お父さん、僕らがどんなに貧しいのかを見せてくれてありがとう」

　私たちはよく、自分が持っているものを忘れて、自分が持っていないものばかりを気にしてしまいます。ある人にとってはどうでもいいものが、別の人にとってはなくてはならないものであることもあります。これはすべて、それぞれのものの見方に依っているのです。
　もし私たち全員が、「もっとほしい、もっとほしい」といらいらするのではなく、与えられたものの恵みに感謝するようになったら……？　と思いませんか。毎日毎日、私たちに与えられるものすべてを喜びたいですね。特に友達を。

　今年の3月11日、ニュースで、やはり海外からメールで届いた（のを通訳の友達が転送してくれた）「地球の人口が100人だったら」を紹介しました（次ページ）。あのニュースは、とても反響が大きく、あちこちのニュースレターやML、高校向け副読本、その他に転載したいという希望をたくさん（いまでも）いただいています。
　メールの転送を重ねてきたものなので、出所がわかりませんでした。このメールは世界的にあちこちに転送され取り上げられているようで、出所を探す試みをされた方がいたようです。「最初に書いたのは、『成長の限界』『限界を超えて』を書かれたドネラ・メドウズさんらしい」と教えてもらいました。
　「地球の人口が100人だったら」の最後は、このように結ばれていました。

　　もしあなたがこのメッセージを読めるのなら、あなたは二重に幸せだ。誰かがあなたのことを考えてくれている上に、まったく字が読めない20億

人以上の人よりも恵まれているからだ。

　ネットは、「あ、いい話だな、あの人にも読んでもらいたいな」という、温かい思いをつなげてくれるのですね。転送してくれた台湾の友人にはしばらく会っていませんが、懐かしくうれしく思いました。

世界の人口が100人だったら？
No. 413 (2001.03.11)

　通訳の先輩や仲間が、私が環境問題についていろいろやっていることを知っていて、「アナタの好きそうなテーマだから」と情報の差し入れをしてくれることがあります。
　そんな仲間から、「海外の友達から回ってきたよ」と面白いメールを転送してもらいました。簡単に訳してご紹介したいと思います。

　　世界人口を、様々な比率をそのままに、ぎゅっと100人に凝縮したら……？
57人 アジア人
21人 ヨーロッパ人
14人 南北アメリカ人
8人 アフリカ人
52人 女性　　48人 男性
70人 白人以外　　30人 白人
70人 キリスト教徒以外　　30人 キリスト教徒
89人 異性愛者　　11人 同性愛者
6人が世界の富の59％を所有しており、その6人はすべて米国人
80人は低水準の住居に住んでいる
70人は読むことができない

50人は栄養不良に苦しんでいる
1人が死ぬところ
1人が生まれるところ
1人（そう、たった1人）が大学卒
1人がコンピュータを持っている

　もしあなたが、朝、健康な体で目を覚ましたなら……今週を生き延びられない100万人より恵まれている。
　もしあなたが、戦争の危険や牢獄の孤独、拷問の苦悶や飢えの苦しみを味わったことがないならば……世界の5億人の人々より恵まれている。
　もしあなたが、嫌がらせや逮捕、拷問、死の恐怖なしに教会に行くことができるなら……世界の30億人より恵まれている。
　もしあなたの冷蔵庫に食べ物が入っていて、衣服を身につけていて、頭上には屋根があって、寝る場所があるのなら……世界の75％の人々より金持ちである。
　もしあなたの銀行口座や財布にお金が入っていて、どこかに予備の小銭を持っているとしたら……世界の富裕層8％に入っていることになる。
　もしあなたの両親が今なお健在で、今なお結婚しているなら……米国やカナダでさえ、あなたは大変に珍しい存在である。
　もしあなたがこのメッセージを読めるのなら、あなたは二重に幸せだ。誰かがあなたのことを考えてくれている上に、まったく字が読めない20億人以上の人よりも恵まれているからだ。

100人に凝縮するってとてもインパクトがあるなぁ、と思います。自分の関心領域のデータを見て、少し追加で作ってみました。
9人が60歳以上（2050年には21人となる）。
22人が世界全体の紙の71％以上を使っている。
30人以上が電気のない生活をしている。

8人の食糧は、持続可能ではないやり方で水を使って生産している。……

英語に perspective という単語があります。put in perspective などとよく使われます。「釣り合いのとれた見方をする」「何がどうなっているのか、ちゃんと知る」というような意味です（なかなか訳しにくい…… ^^;）。メールを読んで、この言葉を思い出しました。以前、このように書きました。

> 数字や文字の羅列である「データ」は、お互いの関連性がわかってくると「情報」になります。そして、ある情報が自分にとってある意味を持っていることがわかると、それは「知恵」になり、「行動」に結びついていくのだと思っています。頭での理解だけではなく、腑に落ちないとなかなか「行動」に結びつかないような気がします。

「データの加工」とも言われますが、単なる数字をどういう perspective に置いて、聞き手・読み手にとって意味のある情報にするか、環境（に限りませんが）コミュニケーションの大きなポイントでもあります。

レスター・ブラウン氏（ワールドウォッチ研究所）に、「いろいろな分析をして、世界に警告を送っているアナタの活動がうまくいっているヒケツはなあに？」と聞いたときに、「いちばん大切なのは、何と何を対比して提示するかだ」と言っていました。レスターの書くものや講演の内容をよく見てみると、「何を何と比較して分析し提示するか」に非常に気を遣っていることがわかります。

そして、私のジャーナリストの師である千葉商科大学の三橋教授も、「ジャーナリストとして記事を書く秘訣」を教えてくださるときに、「どう比較するかだ」と、同じことをおっしゃって、驚いたことがあります。

講演でも執筆でも、特に絶対値データだけで意味を理解できる専門家ではない人々が聴衆・読者の場合、「あ、そうか！」と思ってもらえるように、何をどう提示したらよいのかなぁ、というのがいちばんの考えどころです。

レスターは週に3日ほど仕事後にジョギングをしています。「歩くよりは速いかなぐらいのスピードでゆっくりゆっくり、頭の中でいろいろなデータを転が

しながら走っているんだよ。すると、新しい見方（perspective）や気づきが出てきたりするんだ。各国の出生率からその他さまざまなデータはだいたい頭に入っているから」とのこと。

　本当に走りながら、世界の環境問題解決に向けての活動の先頭を走っているのだなぁ、と思ったのでした。

「地球の人口が100人だったら」を授業に使って
No. 435 (2001.04.02)

　先日卒業生を送り出したある小学校の先生から、「世界の人口が100人だったら」について、フィードバックをいただきました。

　　いつもニュースを興味深く読ませていただいております。
　「世界の人口が100人だったら」というニュースを、卒業前の子どもたちの社会科の授業に使わさせていただきました。このニュースのデーターをグラフに表していくうちに、「自分たちは何と金持ちのグループに入っている」と知って、子どもたちはたいへん驚きました。
　「自分たちは貧乏で、お金がないと思っていたけれど、世界から見ると、すごくお金持ちに見えることを初めて知った。びっくりした」「最初は日本は貧乏な国だと思っていた。でも、日本はぜいたくで、他の国の方がよほど貧乏なんだと思った。学校を寄付してもらっても、学校に行けない子がいるなんて、かわいそうに思った」というのが、大半の感想でした。
　私はこの作文を読んで驚きました。子どもたちが、「自分たちは貧乏だと思っている」ことについてです。これは子どもたちの社会観を形成している情報に、すごいかたよりがあることを物語っています。子どもたちに、「どうして自分たちは貧乏だと思っていたの」と尋ねてみました。
　すると、「お父さんやお母さんが、お小遣いをあまりくれないから」とか、「テレビで不景気だ、リストラだ、失業者が増えているといったニュースを

しているから」とか、「テレビの特番で、すごい金持ちの家を映していた」などと答えてくれました。

　子どもたちは、ニュースや特番、CMなどから、印象として情報を無批判に受け取って、社会観を形成しているのだと思います。「世界の人口が100人だったら」というニュースを2時間かけて丁寧に学習していくうちに、「私たち日本人は、他の国と違いぜいたくをしている。家もない、学校もない人たちがいるのに、私たちにはある。どうして、他の国にお金を分けてあげないのだろう」と考える子も出てきました。

　子どもたちの社会観をひっくり返してくれた「世界の人口が100人だったら」というニュースでした。ありがとうございました。

　とても胸に響くメール、どうもありがとうございました。「総合の時間って、こういう授業がたくさんできる時間になればいいなぁ」と思いました。

　2002年から新しい学習指導要領が実施されます。学校は完全週5日制になり、基本的なねらいは、「ゆとりの中で一人一人の子どもたちに［生きる力］を育成すること」だそうです。そして、新学習指導要領のひとつの目玉が「総合的な学習の時間」の新設です。「総合的な学習の時間では、国が一律に内容を示していないので、学校が創意工夫を発揮して行うことになります。従来の教科のように教科書もありません」ということです。

　たとえば、「世界の人口が100人だったら」というような情報を教材につかえば、メールを下さった先生が実際に授業で行われたように、国際理解、情報、環境、福祉・健康のすべてを「総合的に」しかも「自分の身に引きつけて」考えてもらうことができる！　と思ったのでした。そして、そういう「教材として役立つ情報や事例」をいろいろと探し、集めて、発信していきたい、たくさんの方から寄せてもらって「循環」していきたいと思いました。

　余談ですが、「総合の時間」の学習の例に、「国際理解」が挙がっているので、小学校での英語教育が話題になっています。各学校に任せられているので、学校によっては国際理解として英語教育をはじめようというところがあったり、

保護者から要望があがったりしていると聞きます。
　私は数ヶ月前に、通訳者という「英語のプロ」として小学校での英語教育についてどう思うか？ とある先生から聞かれたことがあります。私は一言「反対です」と申し上げて、その理由をいくつかご説明しました。
・英語は手段である（目的ではない）
・訛りのある英語で何ら問題ない（流暢でも話す内容がないことの方が問題）
・小学生の年齢層に英語を効果的に教える教授法で確立されたものはまだない（幼児期の母国語方式か、中学以降に母国語との対比で勉強する方法以外に、私は効果的な方法を知らない）
・「外国語は小さいウチに、というのは神話にすぎない」（私を含めて、そんなことはない、という実例がたくさんある）などなど。
　国際理解の力って、「見知らぬ遠い国の人々に思いを馳せる力」や「翻って自分のことを考える力」なのじゃないかなぁ、と思うのです。それを日本語でちゃんと表現できる力と「思い」（これが大切！）を育むことが何よりも大切ではないか、と思います。
　英語はあくまでもツールですから。ノコギリの使い方を教えられてどんなに上手になっても、「ノコギリは使えるようになったけど、何を作りたいのか、わからない～」というのではねぇ。逆に「どうしてもこれを作りたい！ そのためにはノコギリが使えなくちゃいけない」というほうが、どんなに身につくか、そして勉強も楽しく励めるか、と思います。
　英語は幼少期に、というのは神話に過ぎないと自分では思っていますが、逆に好奇心や探求心、正義を感じる心や自然を感じる力、自分は地球とつながっているんだ、というような感覚は、いつでも育めるというよりも、やっぱり幼少期こそ、ではないかなぁ、と思います。

学級崩壊から総合学習へ

No. 521 (2001.07.25)

[No.435]で「地球の人口が100人だったら」を授業で使って、という経験をシェアして下さった岸本先生から、お手紙と本が届きました。ご快諾下さったので、ご紹介します。

　枝廣淳子様

　猛暑が続いていますが、お変わりございませんか。

　拙著をお贈りいたします。いつもホットな情報をたくさんいただいておりながら、何もお礼ができないことを心苦しく思っておりました。今回このような機会に、ささやかなお礼ができることを、うれしく思っております。

　拙著は、「学級崩壊」という事態に遭遇し、「運良く」総合学習に出合って、抜け出すことができた実践を、ありのままに書いています。私たち教員には、公務員としての「守秘義務」があるのですが、学級崩壊に悩む多くの教職員に、何らかの支えになればと思い、思い切ってさらけ出しました。

　総合学習を実施してみて感じることは、平素私たちは子どもに「真実を教えていないんだな」ということです。真実は子どもの素直な心を揺さぶるのです。すると、子どもは子どもなりに「何とかしたい」と思うようになるのです。そのことが、子ども同士の連帯をつくったり、教師と子どもの関係、大人と子どもの関係を良くしたりしてくれるのです。そういう意味で、総合学習は、教科教育とはまた違った良さがあると考えています。

　私は地元の川を軸とした総合学習を、全校で取り組んでいますが、「世界の人口が100人だとしたら」のような国際理解の総合学習にも、取り組んでいきたいと考えています。今は3年生担任ですので、グラフだけでは何も読みとれないと思います。貧しい国の人々の写真や食事、住まいや暮らしの

写真があれば、3年生でも取り組めるのではないかと思います。
　この国には、情報は山ほどあるのですが、本当にほしい情報、子どもたち、いや大人たちの考え方を根こそぎ変えてしまうような情報が、なかなか入手しにくい状況にあると思います。今後ともよろしくご指導下さいますよう、お願いいたします。これからますます暑くなります。くれぐれもご自愛下さい。

岸本清明

　お送り下さったご本は、『学級崩壊を超えて』（評論社）でした。岸本先生のお書きになった第1章「学級崩壊から総合学習へ」、教室の中のダイナミズムや子どもたちの心の動きまで伝わってくるような、心動かされる章でした。
　大学院でカウンセリングをやっていたときによく感じていた、「人間ってすごい力を持っているんだな～。特に子どもの成長力、自分やまわりを育てる力はすごいな～」という思いを、ふたたび強く感じました。
　「これはたくさんの人に読んでほしいなぁ！」と思ったので、岸本先生に「何かレジメのようなものはありませんか？」とお聞きしたら、研究会の資料を貸してくださいました。先生のご厚意でご紹介します。

「学級崩壊とその立て直しの方途」　～高学年の一例から考える～
　＜1．はじめに＞
　　私の勤務する東条東小学校は、加東郡東条町にある。全校生約230名余、ほとんどの学年が単学級の小規模校である。
　　校区は、酒米「山田錦」の産地として名高い。酒米の売価は、食用の米より高いとはいえ、農業だけでは暮らしが成り立たない。それで、両親が働きに出ている家庭が多い。子どもたちの大半は、祖父母と共に暮らし、祖父母にいろいろな話を聞いてもらっている。校区は昔の農村の良さを残し、学校に対して協力的である。私は今年教職26年目、この東条東小学校で5年目である。

<2. 5年生3学期の学級崩壊>

　このような農村部の小学校でも、学級崩壊は起こる。昨年5年生の片方のクラスで3学期にそれが起こった。その主な原因は、仲間外しの対応をめぐって、子どもと担任の行き違いにあった。

　男子の一人が、クラスのみんなから仲間外しをされ始めた。そのことを本人が担任に訴え、担任がその対応を始めた。その時、仲間外しをした子どもたちは、その子の態度に腹に据えかねるものがあり、思い知らせてやりたいとの気持ちを持っていた。

　担任は学校長の強い指導もあって、「仲間外し＝いじめだ。それはしてはいけないのだ」と指導した。その結果、自分たちの思いや言い分、気持ちが、担任に全く通じないと思い込み、男子の大半が担任の言うことを聞かなくなってきた。

　一人の子に対するいじめが、このようにして担任不信にまで発展していった。そして、親も子どもの言い分のみを信じ、担任不信を口に出し、相互に連絡し合って、学級崩壊が一段と加速していった。

<3. 6年1学期の状態>

　6年生に進学する際に、クラス編成をし直した。いじめられていた子と、その子を支えてくれそうな子、性格の比較的穏やかな子を1組に集めた。そして、いじめをした子たちが2組に集まり、6年生がスタートした。私は2組を担任した。

　4月当初から、子どもの様子がおかしかった。両方のクラスとも、まとまりを欠いていた。私はこの子たちを4年の時に担任していたので、私の授業は成立していたが、図工と家庭科の専科の授業では、子どもたちが好き勝手なことを言い、教師に逆らい、成立しないことがたびたびあった。組替えをしたのに、わざわざ隣のクラスに行って、かって仲間外しをした子に、暴力的ないじめをすることもあった。

　学級でも、ある一人の女子を男子がいじめ始めた。誰かをターゲットに

しないことには、気持ちが落ち着かなかったのだろう。一学期は、学級崩壊の危機を感じる毎日であった。

そのころ、子どもたちの書く作文は、前担任の悪口や、教師を辞めさせてほしいとか、友達や低学年の悪口など、穏やかでないものが多く、子どもたちの心の傷が大きく、心がすさんでいることが感じられた。

<4. 立て直しの二つの方策>
(1)学級裁判

学級でいじめや何かの事件が起こると、学級裁判をすることにした。トラブルに私がとやかく言うと、子どもたちは表だっての反抗はしないにしても、素直に従う気持ちにならないだろうと感じたからだ。

裁判官は男子3名、女子3名で、「公平な判決が出せる子」という条件下に、子どもたちに選ばせた。被告人と原告は、それぞれ弁護人を一人ずつ本人たちが選んだ。裁判官は、最後に判決として自分の意見を言う。それまで、質問は何回してもいいが、自分の意見を言ってはいけない。傍聴人は、全員の裁判官が質問を終わってしまうまで、発言をしてはいけない。しかも、発言は質問に限るという限定をつけた。そして、私も傍聴人の立場で参加した。

この裁判はおもしろかった。意見が言えないので、強い子の一方的な意見に引きずられることがなかった。また、質問に答える中で、原告、被告両者の言い分がしだいに明確になり、相手が悪いと一方的に思い込んでいたことが間違いだったと、互いにわかってきた。

最後に6人の裁判官が、判決として自分の意見を言うのだが、たいてい「どっちもどっちだ」という判決になった。それは私の判断と全く同じであった。子どもたちは、「火曜サスペンス劇場」などのテレビドラマで、裁判のことを知っている。そのせいか、意外と上手に裁判をした。

この裁判を通して、「立場が違えば違う見方をし、異なった意見になるのだ」と子どもたちは実感したと思う。そして、「一方的な見方による断定は

間違っている」と感じたと思う。また、両者の言い分をきちんと聞くことが、公平な判断の条件だと思ったに違いない。

　事件のたびの裁判は、自分たちのことは自分たちで決め、実行していくことにもつながっていった。もし、私の判断を押しつけたら、それがたとえ正当な意見だったとしても、子どもたちが反発して、さらなる学級崩壊を引き起こしたであろうと考える。

　ただ親から、「被告」「原告」という裁判用語が、子どもを犯罪者扱いしているというクレームが出てきた。その意見は必ずしも正しいとは私は思わないが、それ以来、被告という用語を用いないで、裁判は続けた。

(2) 総合学習の取り組み

　9月から、総合学習「うまい水が飲みたい」という実践を始めた。私は常々、総合学習に取り組みたいと考えていた。

　最初は、東条町と社町の水道水を飲み比べたり、井戸水と水道水、ミネラルウォーターと浄水器の水を飲み比べたりした。水の味の違いは、水に溶け込んでいるものの違いであることに気づかせ、水道水をまずくしている塩素に着目させた。

　子どもたちの調査では「きれいだ」ということになった東条川が、はたして「きれいなのか」、子どものおじいさんに来てもらい、昔の東条川の話をしてもらうことにした。昔の東条川はカジカガエルが生息し、ホタルが乱舞する清流だったという。おじいさんは、都市化が進み、排水路が整備され、農薬や家庭排水が直接川や溝に流れ込むようになってから、カジカガエルやホタルが姿を消したことを、丁寧に話してくれた。

　また、水道事業所の人は、東条川が洗剤や有機物で汚れているため、塩素をきつくして、安全を確保していることを話してくれた。

　それから、下水処理の専門家に来てもらい、川をきれいにするためには、下水道を完備し、ゴミや家庭排水を川に入れないようにしなければならないことを教えてもらった。

　その後、子どもたちは、東条川でクリーン活動をした。洗剤が流れ込み、

廃プラスチックが散乱している東条川は、「水の学習をした目」で見ると、死にかけていた。

そこで、子どもたちが、まずお母さんに、そして全校生に、それから、有線放送や町の広報で町民に、最後に神戸新聞で、「川をきれいにしよう」と広く訴える、というような展開になった。

子どもたちは、35時間にも及ぶ実践を、ほぼ自分たちの手でやりきった。総合学習は教科学習と違って、協力共同の色彩が強い。班で調べ、そのことを紙に書いて発表するにしても、自分たちで意見を交換し合って、よりベターな方法をさぐっていかねばならない。

何か事をするたびに作文を書き、意見を交換し合った。そして、次に何をするのかを、自分たちで決めていった。自分たちで決めた以上は、自分たちの責任である。子どもたちは主体的にどんどん動いた。

また、劇や発表会などのいろいろな訴えをする場では、個性が強い子の、個性を生かせる場がたくさん出てくる。それは、友達の良さを発見する場につながっていった。

川を観察して考える。専門家の意見を聞いて考える。考えたことを実践に移す。自分一人ではなく、もっとたくさんの人に川をきれいにしてほしいと訴える。その中で、「学ぶことが暮らしを見つめ、暮らしを変え、未来を変えることにつながる」と、子どもたちは気づいてくれた。つまり、「学ぶ」ことの本来の意味をつかんでくれたと思う。

9月から2月まで、毎週1〜2時間。主に道徳の時間を使って、このような実践を進めてきた。総合学習が軌道に乗った3学期は、学級崩壊の危機はもはや感じなかった。子どもたちは穏やかな顔をして卒業していった。後輩たちに、「水の学習」を続けてほしいという夢を託して。

〈5. 結びにかえて〉

思えば、5年生での学級崩壊は、大人への不信がその根元にあったと考える。(背景には、勉強ぎらいや学校、教師不信など個々にそれぞれの事情が

あったと思う)。それは、思春期と結びついて、親や教師不信、少年野球の監督不信へと、思わぬ激しい展開になった。

　その学級崩壊をくい止めたのは、まず子どもたち自身であった。裁判にしろ、総合学習にしろ、自分たちの意見を率直に出し合い、また相手の意見をよく聞いた。自分たちで決め、自分たちで実行していくうちに、自分も自分たちも、周りも良くなっていくことに自然と気がついていった。そして、総合学習では「協力・共同」を学び、自分にない友達の良さを発見していった。

　次に、大人「たち」も学級崩壊を止めてくれた。総合学習では、たくさんの専門家に教室に入って、子どもたちに話をしてもらった。昔の東条川の話をしてくれたおじいさん、下水処理の専門家、役場の課長などの方々が、子どもたちにわかるように、丁寧に話してくださった。

　ハウス食品やライオンなど、たくさんの企業からも懇切な資料を送っていただいた。川の汚れのもとになっている洗剤メーカーも、より害の少ない洗剤を研究開発していることに、他罰的な子どもたちも、心を動かした。

　そして、東条町役場や、神戸新聞、ラジオ関西までもが、子どもたちの取り組みを評価し、川をきれいにしようと応援し、宣伝してくれた。

　もはや大人は敵ではなくなった。子どもたちの熱意が、大人を動かし、子どもたちの熱意に応えた大人が、子どもたちの心を変えたのだった。

（1998年度の実践）

　この実践を生き生きと、子どもたちの様子や、子ども・親の感想なども含めて、伝えてくれる本です。読んでいて、「あれ?」と思われましたか?

　「立場が違えば、見方も違うし、意見も違うのだ」という本当に大切なことを身をもって学ぶ裁判場面というツールに対して、「子どもを犯罪者呼ばわりするのか」という親の非難がきた、というくだりです。

　帰宅した子どもから「今日、ボクは被告だったんだ〜」と聞いてびっくりしたであろう親の言い分もわかる。でも、この表層ではないところで、本当に何

が行われていて、それはどんなに大切な意味があるのか、ということをわかってもらいたいのだけど、と先生は思われたことでしょう。
　「こういうことって、けっこうよくあるんだよな〜」と思ったのでした。そう思いませんか？そして、私がもし先生の立場だったら、同じように「裁判」ということばを使うことだけやめただろうな、と思いました。
　ご本の中で、私がいちばん好きになった箇所を少しご紹介します。

　　水を飲んでいるとき、ある子が突然、「きき水をしよう」と言い出しました。さっそくやってみました。水の味の違いは微妙で、当てるのがけっこう難しく、これがたいへんおもしろかったのです。
　　勉強が良くでき、みんなに一目置かれているA君が、一つもあわないこともありました。舌と勉強は別なんやなあと、子どもたちは感じたようです。
　　また、どの水をおいしいと感じるかは、一人ひとり違いました。最初、子どもたちは、おいしい水はみんなが一致すると思っていたようです。
　　長い話し合いの後に、「計算は答えが同じになるけど、水の味は好みだから、一人ひとり違っていていい」という結論が出たとき、何かほっとする空気が子どもたちの間に流れました。
　　そのことは、子どもたちにとって、大きなカルチャーショックだったようです。「自分の舌を信じていい、みんなと違っていても、それはそれでいい」と思ったとき、安心したのでしょう。

「人と違っていてもいいんだ」「自分の好みでいいんだ」……これこそ、「生きる力」のモトなのじゃないかな、と思います。そして、A君もホッとしたんじゃないかな、と。もう一箇所。

　　次は、洗剤メーカーに「害のない洗剤が作れないか」という質問の手紙を書きました。これに対して、「合成洗剤は無害だ。いろいろ言われている

ことは、間違いなのだ」という分厚いパンフレットを送ってくれたメーカーもありました。

一方で、ライオンは、膨大な資料とともに、子どもたちの質問に誠実に回答を寄せてくれました。回答の最後に、「今の時点では、完全に無害の洗剤は、今のような値段では作れない。今は研究開発を進めている。水を汚さないために、使用量を守ってほしい」と書いてありました。仕事の範囲を超えて子どもたちに誠実に向き合おうとされている姿勢に、私は胸が熱くなりました。

この回答を聞いて、子どもたちは、いろいろ反応しました。まず女の子たちが、リンスをやめました。洗剤の使用量を減らすために、服を毎日替えていたのを2日に1回に減らしました。ボディーソープが石鹸に変わりました。湯飲みを洗うときは、水だけになりました。

子どもたちは、学習を進めていく中で、自分たちの生活を自然に見直していきました。子どもたちの書いた作文の中から、私はそのことを知りました。

環境報告書や環境コミュニケーションという領域が注目され、いろいろな取り組みが行われていますが、このライオンの社員の方の対応に、コミュニケーションの原点を見る思いがします。報告書やいろいろなツールである「仏」に、このような「魂」がこもってこそのコミュニケーションだ、と。

そして、ニュースでも何度も書いている「どうやったらライフスタイルを変えられるのだろう？」の答えの例もここに載っています。子どもたちはこの授業を通じて「ライフスタイル」を変えていったのですから。

川崎市立三田小学校の山木校長先生との出会い
No. 327 (2000.12.01)

先日、『エコ・ネットワーキング！』を地元の市立小学校に一冊お届けしまし

た。4年前にいらした校長先生がいろいろな取り組みを始められています。

　まず「始業・終業のチャイムをなくす」。あちこちに時計があるのだから、自分たちで時計を見て行動できるでしょう、ということです。この小学校からはチャイムの音は聞こえません。それから、1時間目と2時間目の休みをなくして、かわりに2時間目と3時間目の休みを「ふれあいタイム」として35分も取っています。細切れでなくこれだけあると、いろいろな遊びが展開するんですね。

　6年生が1年生の子に「入れて」と言われて、大綱を回して縄跳びをいっしょにするなど、素敵な光景が広がっているそうです。そして時計を見て30分を過ぎると、言われなくても自分たちで後片づけをして、教室に戻っていくそうです。(こういう様子を校長先生が「学校便り」に書いて外の人に伝えてくれます)。

　他にも校長先生の学校経営の方針「生きる力を育てる」「自己選択・自己決定・自己責任」があちこちに実践されている様子です。もうひとつは、学校をオープンにする、ということです。校門も学校がある間はいつも開いていて、保護者会や授業参観日でなくても、「ぶらりと」訪れて授業の様子を見せてもらえます。

　地域のいろいろな人を「一日先生」に、手芸や昔話、いろいろな遊び、外国の様子などを教えてもらう日があって、子どもたちも楽しみにしているようです。普段でも、父母に先生やアシスタントをお願いする授業がよくあります。校長室のドアもいつも開いていて、「先生、おはよう」「さよなら」と子どもたちが次々と顔を出していくそうです。

　小学校のそのような雰囲気を感じていたので、「何かのご参考になれば」という軽い気持ちで1冊お届けしましたが、その日のうちに、校長先生からお手紙をいただきました。先生のご快諾をいただいたので、ご紹介させていただきます(筆でしたためられた美しい筆跡をお見せできず残念です)。

　　　ご著書ありがとうございます。
　　　自己紹介 (p.252) No.49 の項「……毎日野山を駆けめぐって遊ぶ野生児

生活で真っ黒になり夢破れる。しかしこの時期五感で体験した『大地とのつながり』が今の自分の活動の一つの原点であるような気がしている。……」いたく気に入った次第です。

　自然からの感化を受けないで、もし、人生観を形成したなら、豊かさも色どりもずいぶん貧相になるに違いありません。

　小生の少年の情景は、函館と吉岡村（今は、福島町に合併されています）です。想起される情景は、津軽海峡、岩磯、山脈（山波）、そして水平線に沈む夕日、そういったことどもです。

　ものより思い出とはよく言ったものです。思い出という軌跡にゆるぎない自然の情景が野太くどっしりと居座っているのです。

　小生、最近家をたてなおしました。設計士の方（内田勝康氏）は、こだわりのある50年輩です。そのこだわりとは、国産材の木材を使って家を建てるという一点への執着です。この執着心に共鳴した方がおふたりいらっしゃって、ひとりは秋田県山本郡二ツ井町のモクネット事業協同組合理事長加藤長光氏、ひとりは京都府綴喜郡宇治田原町の木創代表取締役光島善正氏です。

　こだわり人（ビト）3名と60年輩の大工さんたちが、小生の家をつくってくれました。こういった方々とお話ししていると実に奥深く、よき人に出会えたなあという実感と快さを幾度も味わった次第です。自然のめぐみに知恵を加味し、生活を豊かにしようというのです。

　20世紀は、むごいほど自然に対し過酷（苛酷）であったと思います。少年の情景としての函館など、全く落胆のいたりです。バブルは、松林をなぎたおし、清流の松倉川は生活排水路と化していました。そして人の住まないペンションやマンションが廃屋として残されたのです。

　いったい何を得たのでしょう。失ったもののあまりの大きさに呆然とする思いがいたします。とりとめなく書きました。

　"環境心理学" 学問として、又は、20世紀を生きてきて、かつ21世紀に

生きる上で、必要性が実感できます。

　　　　　　　　　　　　　　　　　　　感謝を込めて
　　　　　　　　　　　　　　　　　　　山木利之 拝

　そして、別封筒に「環境とエネルギーを扱った学習活動案を同封いたしました。ご覧いただければ幸いです」との添え状と、「考えよう、地球の明日」というテーマでの5年生の「総合的な学習」の学習活動案をいただきました。
　全部で27時間で進める単元の構成全体がわかりやすくまとめてありました。現在、20時間まで終わり、いよいよ「考えよう、地球の明日」ポスターセッションが体育館で開かれる様子です。日時を見ると、お手紙をいただいた翌日でした。何と原稿執筆のため（久し振りに ^^;）自宅での作業日です。
　「これもご縁かも……」。きっとこのような授業は公開で、父兄も来ていらっしゃるだろうと（5年生の父兄じゃないけど）、お邪魔しちゃおうと思ったのでした(^^;)。

三田小5年生の「環境とエネルギーのポスターセッション」
No. 328 (2000.12.01)」

　さて、当日。体育館の壁にはポスターがたくさん貼ってあります。（予想通り）お母さんたちも20人近く見に来ています。授業が始まりました。前半は1組が説明役で、自分のポスターの前に立って、何人かお客さんが集まると発表します。2組はあちこちの発表を聞いてメモを取る聞き役。後半はその逆。聞き役の子どもたちはいくつかの場所に偏りがちなのですが、その辺りはお母さんたちが（お客の少ないところへさりげなく回って）バランスを取っていました。
　子どもたちの発表のレベルはとても高く、私もいろいろと勉強させてもらいました。一人で調べて発表している子もたくさんいましたし、共通の関心を持つ子どもたちは2人ぐらいでグループで発表していました。
　原子力発電についても、何組か取り上げていました。ポスターのグラフを見

ると、「日本での原子力発電は1973年から、急増している」ことがわかります。現在「電力の3分の1をまかなっている」こと（事実ですが）が「変えようのないこと」のように言われることもありますが、少し前まではゼロだったこと、73年以降は、電力総需要の増加以上に原子力が増えていることがよくわかりました。

　どの発表でも感心したのは、ポスターに沿って内容を発表した後に、調べた自分の感想を述べるのですね。私が聞かせてもらった原子力研究の少年2人組はそれぞれ、「原子力発電には良い点もあるが、悪いものがでるので、でないようにしてほしい」「二酸化炭素を出さないので、もっと増やしてもよいと思う」と、最後に述べていました。

　あと、フィルムケースで風力発電のしくみを作った少年たちもいて、回して見せて、つながった電力計の針が動く様子を見せてくれました。風力のしくみを説明して、最後に「風が吹かないと回らないので、ソーラーなどと組み合わせて使うのがよいと思います」と。

　あちら側では、ソーラー発電の発表です。ポスターがまずステキでした。タイトルは「太陽のすごすぎるエネルギー」（きもちいいー、とイラスト付き）。"太陽とぼくたち"として「太陽の光が当たると、とっても気持ちがいいですね。もし太陽がなくなったらどうなるでしょう。とても大変ですね。このエネルギーはどのくらいのパワーなのでしょう」として、「1年のうち1時間蓄えれば、残りの364日23時間はそのエネルギーで暮らせる」とソーラーパワーの潜在力を説明してくれました。

　彼は「曇や夜には使えないけど、充電すれば大丈夫です。でも太陽パネルで火力発電所の代わりをしようとすると、関東地方と同じ面積が必要となります」とわかりやすく説明してくれて、最後に「ちっちゃくていっぱい電気を作るソーラーパネルを発明すれば普及すると思います」と結んでいました。

　女子2人組は、自動車を取り上げ、プリウスの紹介（トヨタが子ども向けのマンガによる活動の説明書を出しているのですね）のほか、アイドリングストップを説明していました。アイドリングストップバスというバスがあることを初

めて教えてもらいました。自然にアイドリングを止める？仕掛けになっているそうです。

　彼女たちは近くのバスの営業所に電話して、バス全体のなかでこのアイドリングストップバスが何台あるか、調べていました。81台中8台という営業所と、65台中10台という営業所の答えだったそうです。

　発表後「何か質問はありますか？」と言ってくれたので「このバスは、外から見てもわかるのですか？」と聞きましたら、「わかりにくいです。排気ガスを外に出す部分（マフラー、でしょうか？）が違いますから、止まっていればわかります」とのこと。今度観察してみようっと。

　野生動物の研究をした女子グループが最後に訴えていた「森林（地球全体）を人間の物だと思わないで下さい」というメッセージも心に響きました。たくさんの大人に見てもらわなくちゃ！

　全体的に見て、男子児童はエネルギー系、女子児童は森林やごみ、省エネ関係が多いような印象でした。もちろん例外もたくさんありましたが。テーマは幅広く、温暖化、酸性雨、リサイクル、エコマーク、絶滅などのほか、自分の小学校の電気量を調べたり、ちゃんと省エネしているかのチェックをしているグループも。町のあちこちにガーゼをしばらくぶらさげて、その汚れ具合から、自動車による汚染を調査したグループもありました。

　発表のやり方も、ポスターだけではなく、レモン電池の実演や、紙芝居を取り入れたり、アンケートに記入してもらったり、○×の札を見ている人に持たせて、○×クイズ形式で進めたり、いろいろな工夫が楽しかったです。

　聞き手の子どもたちも熱心にメモを取っており、リサイクルのグループが最後に「この研究をして、リサイクルは地球にやさしいことがわかりました」と感想をいうと、「前は違ったの？」というスルドイつっこみも(^^;)。

　時間が足りなくて、全部の発表を聞くことはできませんでしたが、とても楽しく勉強になった授業でした。省エネグループのポスターを眺めていたら、発表者の女の子が「省エネQ＆A　読むと勉強になるよ」というチラシを渡してくれました。おみやげまで嬉しいな(^^;)。

そのひとつに「冷暖房の温度は何度を目安に?」という項があって、「暖房なら20℃、冷房なら28℃が目安です。設定温度はひかえめに。暖房時2℃低めに設定すると約10%、冷房時2℃高めに設定すると約20%電気代が節約できます」「これからはエアコンやヒーターを使う時期。ぜひためしてみてネ」とありました。皆さんもぜひ、ためしてみて下さい！

授業終了後、参観されていた校長先生に「私が枝廣です」と名乗り出ました(^^;)。当該学年の父兄でもない人間の参加に驚かれたのではないかと思いますが、喜んで下さり、そのうえ「今から、この授業についての研究会を職員で開くのですが、よかったら環境の専門家としておいでになりませんか?」と誘って下さいました。

厚かましい? 私は喜んで、講師の先生（他校の先生）を交えての先生方の熱心な討議や、その後のお茶会にまで、ご一緒させてもらったのでした。

授業研究会で
No. 329 (2000.12.02)

「環境とエネルギーのポスターセッション」の授業研究会では、学習のねらいや手法について、質問や意見が交換されました。去年は家庭科から環境を取り上げたそうです。先生方の意見交換のあと、私にも発言の時間を下さったので、多少付け加えましたが、こんな内容の感想をお話ししました。

(1)子どもたちのプレゼンテーションにびっくり
「欧米人に比べると、日本の人はプレゼンテーション（自分の意見や考えを伝えるために提示すること）があまり上手じゃないなぁ」と思うことがありますが、今日の子どもたちは、ただ用意したものを読むだけではなく、どうやって観客の注意を引き、伝えたいメッセージを伝えるか、いろいろと工夫をしていました。今日の子どもたちが大人になって会議に出てきてくれたら、私も通訳しやすくなるなぁ(^^;)、と思いました。

(2)腑に落ちること

　インターネットを駆使して情報収集をしているのに驚きました。数字や文字の羅列である「データ」は、お互いの関連性がわかってくると「情報」になります。ある情報が自分にとってある意味を持っていることがわかると、それは「知恵」になり、「行動」に結びついていくのだと思っています。頭での理解だけではなく、腑に落ちないとなかなか「行動」に結びつかないような気がします。

　「腑に落ちる」ためには、「腑」＝自分の身＝実感に基づいたテーマが大切だなぁ、と思います。実感が最初からある場合もあるし、途中で気づくこともある。でも、実感を得られやすいテーマもあれば、そうでないテーマもあると思います。

(3)学習の広がり

　子どもたちの興味や関心から出発して、その「課題」自体について調べたあとの方向を示すことも大切なのだろうなあ、と思いました。たとえば、日本は木材チップをどの国から輸入しているかをグラフでまとめていたグループがありますが、国産と輸入の割合、なぜ輸入が多いのか、日本に木がないためか……と、日本の森林・林業の現状に導くこともできるでしょう。プリウスについて調べたグループには、プリウスはすごいけど、プリウスだったら日本中、世界中で車が無限に増えてもよいのか、ということも考えてもらえるでしょう。

　小学5年生では難しいのかもしれませんが、途上国との関わりは発表に含まれていなかったように思います。また、リサイクルのグループがいくつかありましたが、着物の仕立て直しや新聞紙で習字の練習をした、などの昔の人や生活の知恵などにもつなげられたら、と思います。

(4)子どもたちに何を伝えるべきか（先生からの質問に対して）

　各地で学校の先生からこの質問を受けます。問題の現状が暗いだけに

「どのように」示すべきか、ということも聞かれます。「将来はこんな便利な生活はできなくなる」という、悲観的な見方ではなく、「もっとよい時代の先陣を切るのがキミたちだよ」と言えるようになりたいと思っています。

今の「便利な」生活は、実は危ういものであり、ベストではない、ということです。「もっとよい時代」になれば、燃料電池自動車で騒音も大気汚染もなく、便利なうえ快適かもしれない。豊かな自然が取り戻せて、もっと楽しく遊べるかもしれない。そういう姿を大人がまず描き、信じ、示せないと、と思っています。モノをたくさん持つこと、たくさん消費することが幸せではないということです。

実際にお話しさせてもらったのは、数分です、念のため(^^;)。でも、いきなり授業参観に行って、研究会まで出させてもらった上に、感想をお話しする機会までいただいて、本当に嬉しく思いました。私に下さったお手紙の転載を快諾して下さった校長先生、授業計画案を含め、授業の様子をニュースに書くことを許可してくださった担任の先生方にも深く感謝しています。

[No.231] で、「環境への取り組みの3原則」として

その1：取り組むべき内容を持っている
その2：取り組もうという気持ちを持っている
その3：取り組むためのスキルを持っている

という考えを書きました。気持ちや思いだけあっても効果的な活動には結びつきません。情報収集力や、課題に沿って追求する力、まとめてコミュニケーションする力は、「その3」の大切な要素です。

三田小学校の5年生は、とっても大切なスキルと、内容への第一歩を勉強したのだと思います。今後にさらに期待しています！そして、いつかまた（呼ばれなくても ^^;)、見せてもらいにうかがいたいと思っています。

三田小5年生の先生からのお手紙

No. 331 (2000.12.04)

　川崎市立三田小学校5年生の「環境とエネルギーの授業」について書いたニュースを発信するまえに、「このようなニュースを出したいのですが、よろしいでしょうか？ 担任の先生にも許可を得たいのですが」と校長先生にお願いしたところ、担当の3人の先生方にもご相談いただき、「喜んで」というお返事をいただきました。

　そのお返事といっしょに、担任の先生からもご丁寧なお手紙をいただきました。子どもたちにニュースを読んで下さったのですって！ その様子を書いて下さっているので、「こちらもぜひ！」とお願いしたところ、快く許可して下さいました。

　　先日はわざわざご来校いただき、また大変貴重なご意見をたくさんいただき、ありがとうございました。それだけでなく、授業の様子をホームページに載せていただけるとのこと、重ね重ねありがとうございます。
　　授業当日の子どもの様子はもとより、単元計画なども載せていただけるなんてびっくりしています。こんなことになるなら、もう少し慎重に検討すればよかったと、授業者の一人として、少し恥ずかしい気がしています。
　　原稿のコピーをとらしてもらい、早速教室に急ぎました。「今日はみんなに読んであげたいものがあるんだ」子どもたちに投げかけました。
　　「この前の総合の授業に、5年生のお母さんじゃない方が来てらしたんだ。覚えてる？ 先生もはじめて会った方だから、知らなかったんだけど、『環境』のことにとても詳しい人なんだよ」
　　子どもたちはまだポカンとしています。
　　「みんなの発表をメモを取って聞いていた人なんだ。みんなの言葉に一つ一つ丁ねいにうなずいていた人だよ……」
　　「分かった！ 覚てる！！」子どもたちは一斉に叫びました。枝廣さんの

ことが深く印象に残っていたようです。あんなに熱心に聞いてくださったからですね。
　「人の話を聞くときは、目を見てああやってうなずいたりするといいよね。話している人がとてもいい気持ちになるよね」教員根性丸出しの指導に入ります。それを聞きながら早速うなずく子どもたち。やっぱりかわいいですね。
　「さて当日……」読みはじめると、シーンとなりました。担任にお説教されている以外ではあまりない光景です。「原子力の研究の少年二人組は……」「あっ！おれのことだ！」顔を真っ赤にしながらつぶやく当人たち。教室の視線が一斉にそちらに向かいます。
　「フィルムケースの風力発電」でも同じようなリアクション。一人でがんばった「太陽光発電」の子は、長く扱われているので、本当に誇らしげでした。担任の「ひとほめ」の数万倍の効果でした。
　プリウスの女の子たちは、枝廣さんの質問を覚えていました。「うん、確かに聞かれたよ」、そして「今度観察してみよっと」がとてもうれしかったようです。
　「レモン電池」「紙芝居」「アンケート」……。自分のことが取り上げられるたびに満足そうな表情を浮かべる子どもたち。中でも「チラシ」のおみやげを「うれしいな」と表現してもらい、「ためしてください」と結んでくださったのには、本当に感激したようです。
　子どもたちにしてみれば、自分たちが発表したことに素直に反応してもらい、そしてそのことを多くの人に紹介してもらえる……。こんなことは生まれてはじめての経験なのではないでしょうか。手紙を読んであげた日、子どもたちも担任も、とても幸せな気分でいっぱいになりました。
　子どもたちのありのままを認め、そして良いところをしっかりと見て、価値付けしてあげて……。そんな一連の評価活動が大きな教育の効果を生む……。日々の忙しさにかまけながら、なかなかそんな場を作ってあげることができない私です。授業研究会ばかりでなく、また深く学ばせていた

だきました。ありがとうございました。
　来年は、子どもたちは最上級生。「個人でテーマを考え、個人で課題を決める」という学習に挑戦してくれたらと思っています。そんな学習を広げたら、多くの子どもたちが「『環境・エネルギー』の学習を深めたいな」と反応してくれそうな気がしてなりません。また、ご指導を仰ぐ機会がぜひあればと思っています。（ご迷惑ではありませんか？）本当にありがとうございました。

　先生方にも子どもたちにも、こんなに温かく対応してもらって、本当に嬉しい出会いでした。その学年の保護者でもないのに、突然授業参観にやって来た人間を歓迎して下さっただけではなく、その後の先生方の研究会にも招いて下さり、背景も何も知らずに思ったまま述べたことを受けとめて下さり、子どもたちにも伝えて下さって……。スゴイなぁ、普通なかなかできないよなぁ、と感動しています。
　授業研究会でメモを取る私の隣にいらした校長先生が、最後に「何を書かれているのかはわからなかったが、裏紙をメモ用紙にしていらっしゃった」と他の先生方にお伝えになったのですが、そのあと、1年生の朝自習のプリントをさっそく裏紙に印刷するようにされた先生もいらっしゃるとお聞きしました。
　先日、水俣市役所の吉本さんのお話をうかがったときのことを思い出します。吉本さんは、「地元に学ぶ」という「地元学」を進められている方ですが、まず「変化は外から来るのです」とおっしゃいました。
　「日本人が外国へ行くと、3種類のパターンがある。かぶれる、拒絶する、適切な距離でよいつきあいをして自分にないものを学ぶ、である。最初のふたつは、自分というものがしっかりしていないから、丸ごと影響されたり、そうされないように丸ごと拒否したりする、というパターンだ。自分がしっかり確立されていれば、丸ごと影響されるのではなく、良いところを学ぶことができる。自分の中にはなかった新しい変化を取り入れることができる」。
　そして「地域も同じです」として、「まず自分の地域がどのような地域かわか

っていなければ、もしくは自覚されていなければ、行き過ぎた受け入れ方になり、無秩序でちぐはぐな文化になってしまう。変化を適正に受けとめるためには、地域の風土と暮らし（＝地理）のつくりだした文脈（＝歴史）に馴染んでいることが必要となってくる」とお話しになり、そのための活動例として「あるもの探し」や「地域資源マップ作成」などをご紹介下さいました。（地元学については、『風に聞け、土に着け【風と土の地元学】』吉本哲朗著、地元学協会事務局発行　Tel:0966-67-1659　をぜひ！）

「地域」を、「学校」とか「教師としての自分」と読み替えれば、外部からの異質なモノも排除しない、三田小の温かい受け止め方がよくわかる気がしました。先生方からいただいたお手紙、大切な宝物になりました。

高知商業高校の生徒会
No. 567 (2001.09.26)

　以前にインターネットの情報で、「高知商業高校がエコマネープロジェクトを計画している」ということを知り、関心を持っていました。今月、高知県に環境研修の講師として呼ばれた際に、取材をさせてもらいました。

　お話をしてくださったのは、同校生徒会顧問の岡崎先生です。新聞などの記事では「エコマネー」という言葉がポンと出ていますが、何年にもわたる生徒会活動で、何を行ってきたのか、何のために、いま「エコメディア」に取り組んでいるのか、詳しくお話を聞かせて下さいました。

　　　高知商業高校の生徒会では、1994年にアジアの難民支援の活動を始めました。94年と95年は、募金をしたり、文化祭でパネル展示をしましたが、「そういう一過性ではない活動をしたい」「目に見える形で活動したい」という声が生徒たちからあがってきました。
　　　そのとき、ラオスに学校を建てるなどの活動をしている「高知ラオス会」を知りました。そして、95年に高知県国際交流協会主催の「建てた学校を

見に行こう」というツアーに、3年生と2年生の生徒たちと参加しました。

　生徒たちは現地へ行って、「思っていたイメージと違う！」ととても驚いていました。「アフリカのようなところかと思っていたけど、違うんだ」「モノはないけど、みんな生き生きしていて、時間がゆったり流れてる」。そして、「私たちが何かを"やってあげる"のだと思っていたけど、違うんだね」と。

　参加した2年生が3年生になり、「対等・平等」をキーワードに活動したい、といろいろと考え始めました。自分たちに何ができるのか？「ラオスで買ってきたものを、こちらで売れる？」という話が出ました。何しろ、貨幣価値が10倍ぐらい違います。日本で売れたら、ラオスでは10倍の金額になる。

　そこで、「では資金はどうやって集める？」という議論になりました。校長先生に出してもらう、銀行から借りるなど、いろいろなアイディアが出ました。その中で、「株式会社にしたらどうか」という話になりました。

　募金ではなく、運営する会社に出資してもらおう、ということです。1株500円として、生徒のほか、PTA・職員にも呼びかけます。生徒は原則、全員購入です。3株以上持っていると、配当金の権利がつきます。ちなみに昨年は10円の配当がついています。

　株式のしくみは、単年度制です。毎年「今年も立てますか？」と議論をして、賛成が得られたら株券を発行します。こうして、株の発行で、毎年70万円ほどの資本金が集まっています。

　96年に、生徒たちを連れて、ラオスに仕入れの旅に出ました。これは珍道中でしたよ！まず日本円で30万円を両替すると、現地のお金では、山盛りのお札になってしまいます。それを持って、見当をつけておいたところへ生徒たちが行きます。これは、という製品を作っている工場を見つけると、山のように買わせてもらったり。何しろことばが通じません。買い物にも時間がかかります。だって、布1枚買うのに、山のようなお札を数えて渡すのですから。

こうして、仕入れてきたものを96年、97年のイベントで販売しました。生徒たちも、自分が買ってきたものですから、販売にも熱が入ります。
　しかし、文化祭などのイベントだけでは、なかなか売上が伸びませんでした。そこで、「町で売れないか？」ということになりました。そして市内の百貨店に企画書を出して、98年と99年に物産展を開いてもらいました。そこでの物産展にはたくさんのお客さんが来ます。これまで文化祭での販売だと、どうしても特別な意識を持った高校生ががんばっているから買ってあげるよ、という感じになります。でも百貨店では普通のお客さんが買いに寄ってくれました。
　このような活動をして、2000年には、「なぜラオスなの？」「ほかにもやるべきことがあるのではないか？」という声が生徒会の中から出てきました。生徒たちがいろいろと話し合う中で、「一般の人を対象に、地域でアクションを起こすことが必要だ」という結論になったのですね。「町に飛び出そう！」と。
　生徒たちは、商店街の活性化を考えました。ちょうどジャスコがオープンした時期でした。2000年2月から、生徒の企画で、消費者500人を対象に「商店街をどう思いますか？」とアンケートをしました。その結果、「温かみのあるイベントがあれば、若者が来る」ということがわかりました。
　高知にはいくつもの商店街がありますが、生徒たちは「はりまや橋商店街」を選び、このアンケートの結果から作った企画書を持って、商店街の組合を訪れました。2000年6月のことです。組合の方々は最初、「どうせ文化祭の延長だろう。売らせてほしい、と言ってくるのだろう」と、半信半疑という感じで、会議室に座っていました。
　ところが、生徒たちは「こういう結果をご存じでしたか？」と、商店街に関するアンケートの結果をまず突きつけたんですね。そして、ストリート・ミュージシャンを呼んだら若者も増えるだろう、とか、いろいろなアイディアも話しました。だんだん、組合の人々が身を乗り出してきました。
　商店街のある人が「でもアンタ、売れ残ったらどうするの？　バーゲンで

もするの？」と言ったとき、生徒が「とんでもない！」と大声を上げました。布を仕入れてきた生徒です。「この布は1日中織ってやっと2センチしか進まないんです。それをバーゲンでなんか安売りできません！」。

そしたら、質問した人は「アンタ、商売わかってるねぇ！」と手を打ちました。百貨店では2日間で90万円を売り上げたというと、大人たちは目を丸くしていました。そして、「アンタら、本気なんやね。売り上げて、そのお金でラオスに学校が建ったらいいんやろ。私たちも商店街に活気がでたらいいから」と、イベントを共催する話がまとまりました。

そして、昨年、はりまや橋商店街と2日間のイベントを共催しました。商店街では「こんなに人が来るとは思わなかった」とびっくり。200万円も売上が上がったのです。

しかし、今の生徒会会長の女子生徒は、商店街との反省会で、「これで本当に活性化になったのですか？」と聞きました。「2日間のイベントで、確かにPRにはなったけど」と。そして、生徒たちの間で、「イベントなどの非日常イベントをもっと日常化したい」「どうしたらいいだろう？」と話し合いが続きました。

ちょうどそのころ、このような取り組みの話をシンポジウムで発表したとき、ある人から「その株式というのは、エコマネーみたいですね」と言われました。私たちは「エコマネー」というのは、それまで聞いたこともなく、知りませんでした。それでインターネットなどでいろいろと調べてみたのです。

そして、いまやろうとしている「エコメディア」のプロジェクトが生まれました。エコマネーと言わずに、エコメディアと言っているのは、「これは結ぶ媒体に過ぎない」と考えているからです。

しくみは記帳方式です。はりまや橋商店街と組んで、高校生が商店の手伝いをすると、15分を単位に、「優」というエコメディアが記帳され、店からの割り引きなどと交換できるしくみです。

今月と来月、商店街とのイベントがあるので、並行してエコメディアの

交換会をします。また、校内交換会も計画中で、生徒たちが「やってほしいこと」「できること」をリストにしています。たとえば、「数学が教えられる」とか、「英語を教えてほしい」とか。

　やっている生徒たちは面白がっていますよ。商店街には四十数店舗ありますが、やはり理解度も違います。生徒たちは各店を回って説明するんですね。これも交流のきっかけになります。

　ラオスの方は、生徒たちの活動によって得られた資金で、現在5校目の学校が建設中です。それぞれ五つの教室と職員室があります。今後は自立型の援助が必要になってくるだろう、と思っています。

　顧問としての私の役割ですか？　段取りと環境設定に尽きます。実働はすべて生徒です。でもその前に、限りなくリアルな教材に触れさせる、その環境設定に心を砕きます。この人に会ってみたらどうか、とか。段取りということで言えば、私の時間とエネルギーのうち、生徒たちに向けられるのは半分だけです。あとは、学校や関係機関への説明や段取りに費やしています。

　生徒に接するときですか？　私は「公平な分担」や「平等」はやらないんです。不公平があっても、それぞれの生徒に、最適な、いちばん得意なことをやらせるようにしています。

　あと、やはり気を遣うのは、ラオスに生徒たちを連れて行くときですね。生徒12人に先生6人、2人に1人つきます。言葉もできないわけですから、安全の面には一番気を遣います。12日間で24万円ほどの費用のうち、半分強は自己負担です。旅行会社を通さないし、通訳も、日本で生活しているラオスの方が喜んでくださって、ボランティアでやってくれます。ラオスのことを思ってくれる日本人がいる、というので、本当にうれしいそうです。その方のおうちでいつも大歓迎してくれます。

　生徒の親たちへの説明会では、どんなにいい体験ができるかということを、とうとうとしゃべって最後に「でも死ぬかも知れません。保険には自分で入ってください」と言います（笑）。

ラオスでの活動については、『海を越えたボランティア活動―ラオスに学校を贈った生徒会』（岡崎伸二著、学事出版）にも書いてあります。
　生徒会の部員は現在24人です。ほとんどが女子です（学校自体も6:4で女子が多い）。女の子が元気ですし、しっかりしていますよ。よかったら、生徒たちに話を聞いてみますか？　よく「特別な活動をしている生徒と思っていたが、普通の子たちなんですね」と言われますよ。

　こうして、先生は放課後の校内に探しに行ってくれ、2年生の女子生徒が3人礼儀正しく応接室にきてくれました。

　ラオスへ行って活動できたことがいちばんうれしい。ラオスの人はみな、優しくて親切なんです。笑顔が本当に素敵なんです。
　エコメディアですか？　ええ、それは何？　ってよく聞かれます。「お金ではなく、通帳に記入する方法で、お金で交換できないものをやりとりするしくみです」と、一人ひとりに説明しています。
　今後ですか？　生徒会では、2年ごとに次のステージに移ってきているので、次のステージに入る準備をします。地域との交流をどうやって深めるか、ということも考えるつもりです。

　確かにフツーの高校生たちでした。でも、自分たちのことだけではなく遠いラオスの人々に思いを馳せる様子、しっかりと自分の考えを述べる様子、突然の来客にも丁寧に心を込めて対応してくれる様子に心が熱くなりました。
　目がキラキラと明るく輝いている生徒たち、そして、それを見守る先生でした。

第2章
想像力とコミュニケーション

持続可能性と山菜〜ビジュアル化すること

No. 467 (2001.05.14)

　先週は、十日町（新潟）〜新湊（富山）〜大野（福井）〜倉敷（岡山）と講演で回ってきました。車窓からの山の緑が力強く美しく、水を湛えた田んぼに空が映っていました。

　あちこちで、ちょうど季節ということで、山菜をご馳走になりました。「少し山に入れば、いくらでも採れますからね、自分たちはお店で食べることはないんですよ」とのこと。私も小学校時代、ふきのとうではじまって、ワラビやセリ、たらの芽、こごみ、ミズなどの山菜採りが大好きだったので、「山菜がとれる場所は内緒でね、嫁にも教えないと言いますよ。特に外から山菜採りに来る人は、あとのことを考えずに、根こそぎ抜いていったり、たらの芽を採るのに、木を切ってしまったりして、困るんですよね」などというお話を懐かしく聞いていました。そして、思いついてこの話を講演で採り入れました。

　2000年は「日本の循環型社会形成元年」と言われるように、6本の法律が成立しました。法律の枠組みができたのは大きな前進ですけど、この中身をよく見ると、『大量生産、大量消費、大量廃棄の最後を"大量リサイクル"に変えただけじゃないか』という批判もうなずけるところもありますから、中身を改善していく必要があります。

　そして、ここでいう循環型社会は、ゴールではなくて、"持続可能な社会"への必要条件ではあるけど、十分条件ではない、ひとつの道筋、手段ではないか、と思います。そして"循環型社会"とは、廃棄物処分場の問題を解決するために、とにかくリサイクル！と廃棄物を循環させる社会ではなくて、「自然の循環からはみ出さない社会」のことではないか、と私は思います。

　じゃあ、持続可能ってどういうことか？ブルントラント委員会の報告書では、「将来の世代のニーズを満たす能力を損なうことなく、現在の世代の

ニーズを満たすこと」と定義されています。これだとわかったような、わからないような、という感じでしょう？　でも、山菜採りを考えて下さい。来年も採れるように、地下茎は残すでしょう？　たらの木を切ったりしないでしょう？　持続可能って、山菜で言えば、自分たちの子どもやその孫たちもおいしい山菜を採って食べられるようにしながら、いま自分も山菜をいただくということです。

　これまで何となく抽象的でぼんやりしていた「持続可能」という言葉を山菜の助けを借りて説明したら、会場のあちこちでうなずいてくれる人がいて、嬉しく思いました。
　ただ、各地で講演前後の雑談で、山菜の話をしているときに、気になったことがあります。「山菜はだれが採りに行きます？」とどこで聞いても、答えは同じで「親の世代が多いですね」とのこと。「子どもは？」とどこで聞いても、「いえいえ、子どもは行きませんよ」と同じ答えなのです。
　そして、子どもたちが山菜採りに行かない（すぐそこにあるのに、連れていってくれるおじいちゃん、おばあちゃんがいるのに）ということ、外部者の私はヘンな感じがするのですが、地元の方々は別にヘンに思っていらっしゃらないようでした。「持続可能性」や「循環」を肌で感じる、骨身にしみる、最高の環境教育なんだけどなぁ（しかも教育が目的でないので、なおさら優れている）と思うのですが。
　ある講演会場で、「いろいろな地球環境問題については、ずいぶん昔から警告が出されたり、調査研究が進んでいるのに、解決へ向けてどうして進まないのでしょうか？」と聞かれました。「本当ですよねぇ」と私。エコシティ21に載っていた坂本龍一氏のインタビューを思い出しました。

　　人間というは、つくづくイマジネーションの能力が足りないですね。だから、20年後のことを「ヴィジュアライズする」能力というのは、なかなかないんですよ。もちろん、危険とか怖さだけを伝えて、脅かすっていう

のは良くないことだと思いますけれど。

　科学的に考察していけば、20年後はこうなっているということを、普通の人間はあまり想像できない。それを、見てすぐわかるように、アートで具体化すること、音楽や映画などでカタチにすれば、まじめな学者が言うより、一般の人々の行動を促すことができるのではないでしょうかね。

　私も、問題自体にせよ、自分とのつながりにせよ、このままだとどうなるかにせよ、「ビジュアル化」しにくいことが大きな障壁だと思っています。
　たとえば、国際社会で最大の成功を収めた環境問題への取り組みは、オゾン層を破壊するフロンをやめよう、というモントリオール議定書の成立とその後の実施であると思いますが、これも「南極上空にぽっかりと空いたオゾンホール」を科学者がビジュアルとしてお茶の間まで伝えられたことが大きな原動力になったのだと思っています。同じことが地球温暖化やその他の問題でもできないか？　何をどういう切り口で、どう見せれば、大切なメッセージが伝わるのか？　と思います。
　ある方が、「環境問題を考えていない人が多いと言うけど、実は知らない人が多いのではないか」とおっしゃっていましたが、私もそう思います。将来のことをビジュアル化することも大切ですし、現在隠されている「自分と地球とのつながり」（自分の環境負荷）をビジュアル化することも大切だなぁ、と思います。「どう伝えるか？」が本業のアーティストや広告業界、マーケティングや広報部門の方々、ジャーナリストもそうですね(^^;)、知恵の絞りどころですね。
　2000年11月に、レスター・ブラウン氏を招いて東京で講演会を開き、その後立食パーティーを開きました。200人近い方々が参加してくださったのですが、この時の参加費から経費を引いた金額（80万円ぐらい）はすべて、ワールドウォッチ研究所へ寄付して、喜ばれました。
　このパーティーはホテルなどではなく、公共のホールに持ち込みで行いました（私のこだわりで。事務局の方々返す返す有り難うございました^^;）。
　その報告記に、以下のように書きました。

「エコ・ネットワーキングの会」に対し、事務局より大きな反省点として、「会場の膨大なゴミ」があげられました。会場には何も捨てられないので、大きなゴミ袋10個ぐらいを事務局の方が手分けして持って帰ってくれました。さらに「食べ残し」も多く、「エコマインドのある方々のパーティーなのに……」と嘆くスタッフもいらした、ということです。

　私は、あれからずーっとこれが気になっていました。もしかして、来てくださった方々がふだん目にできないものを目の前に明らかにする貴重な機会だったのではないか、と。
　ふだん、ホテルの宴会場やレストランでパーティーをすると、食べ残しや紙ナプキン、割り箸などは、ホテルやレストランの人がさっと片づけていきます。私たちの目には触れないようになっているのですね。食べ残しも料金のウチであるし、何よりも気持ちよくどんどん召し上がってください、ってことですよね。
　あのエコネットワーキングのパーティーでは、そのように食べ残しや割り箸などを飲み込むブラックホールがありませんでした。だから、ゴミ袋10袋ものゴミに、事務局の方々が大変な思いをしたのですね。
　あのゴミ袋10袋の中身は、参加者一人ひとりが「見る」べきだったなぁ、と今では思っています。ふだんは見られない、自分の環境負荷などを「ビジュアル」に示すものでしたから。
　次回（いつかわかりませんが ^^;)、あのような会を開くことができたら、ぜひ「会場全体のゴミ」を全員で確認してからお開きにしよう、と思ったのでした。

見えないものを見せる、感じさせる力

No. 468 (2001.05.17)

　月曜日に講演がありました。担当の方々がこのニュースを読んで下さってい

て、前号の最後を読んでいらしたのかな？　懇親会で残った食べ物を包んでもらって、二次会に持っていってくれました。嬉しく思いました。

マイ箸も呼びかけていて、会場前に「マイ箸のない方は100円入れて下さい」と環境募金箱(^^;)。これぐらい経済的インセンティブがはっきりしているとわかりやすいなぁ、と見ていました。この会では取り組みを続けているためでしょう、懇親会でもマイ箸派が多かったようにお見受けしました。

「ビジュアル化する」ことが鍵のひとつ、という話を書きました。ビジュアル化にはいろいろな方法がありますが、写真もそのひとつですね。国境なき写真家旅団の平野正樹さんが、先日タスマニアから帰国され、メールを下さいました。

　　現地の森林破壊の規模と進行は日本での想像を越え、10ヘクタール規模がタスマニアの原生林だけで、2〜300ケ所に及ぶと言われ（確認しただけでスティックスバレー近郊で十数箇所、ターカインで5箇所）凄まじいもののようです。

　　高さ90メートル、重さ百数十トン、幹のもっとも太い所で直径5メートル、何と関ヶ原の合戦の時生まれた樹齢400年の美しく、威厳のある、日本だったら御神木として柵で囲われ、しめ縄をしめられるはずの大木が、聞くところによると、100トン当たりおおよそ6万円（正確な数字は不明です。タスマニア政府はこの情報を公開していないし、企業によって値段が異なるからです。現地のNGOからの情報です）で伐採業者に払い下げ（もしくは伐採権料）になり、ウッドチップに加工され、ただの紙となっています。現地のNGOからの情報では、原生林は植林に比べ10%伐採権料が安く、全体の85%は日本向けに100トン当たりおおよそ40万円強（企業秘密の為、又各企業によって値段が異なる為に正確の数字は表に出ていない）で輸出され、15%は韓国、インドネシア向けだそうです。

　　今止めなければ、後5〜10年以内に国立公園として保護されていないレインフォレストと呼ばれる原生林はすべて日本へのウッドチップの輸出の為

の植林地にかわってしまうだろう。
　この事実をほとんどの日本人は知りません。現地の人の怒りが理解できます。私の言葉で言えば、伐採現場の破壊風景は「タスマニアでサラエボと諫早(いさはや)を見た」と、『人間の行方』を再確認しました。

　写真というのは、その実物をそのままに見せる手段という意味で、ビジュアル化そのものだと考えられます。ふだん目にしないところで、何がどうなっているのかをまざまざと見せてくれます。

環境コミュニケーション、みみをすます
No. 400 (2001.02.18)

　今回はちょっと雑談っぽくなりますが、最近思っていることを書きます。ここしばらく、いろいろな所から環境に関して「手伝ってほしい」「参加してほしい」「やってほしい」というお声掛けをいただいています。「確かに環境関連産業は伸びているんだなぁ。会社を作ったら儲かるかも(^^;)」と個人レベルで実感しつつ、思いが重なるところはできるだけご一緒させていただいていますが、何が求められているのか、少しずつわかってきました。
　多くの組織や活動が、通訳者や翻訳者をお求めなのですね。だから私の所にいらっしゃるのかな(^^;)。通訳や翻訳と言っても、この場合は「英語と日本語」ではなく「日本語と日本語」なのですが。
　これまで環境問題への取り組みは、各分野の研究者や科学者、自治体や企業、NGOや市民がそれぞれ行ってきたのだと思います。それがだんだんと、「自分たちだけ」ではなく、「垣根を超えて」いっしょに進めなくてはならなくなってきた。または自分たちがやっていることを、他の人々にもわかってもらう必要がでてきた。他の人々がやっていることも自分たちが理解する必要がでてきた。
　そうしたときに、「専門家と一般市民」「企業と消費者」「ある専門分野と別の専門分野」「自治体と住民・企業」「大人と子ども」などの間に、"インターフェ

イス"が必要となる場面が多いようです。

　専門家の専門的な知識はそのままでは一般市民には通じませんから、「要するにこういうことですよ」と翻訳する。一般市民の日常的感覚に基づいたコメントを、その専門家の専門性につながる形で伝える。

　子どもに「温暖化」と言ってもわかりませんから、「1枚でちょうどいいのに、セーターを2枚も着ちゃったら暑いでしょう？ 地球はいまそんな感じなんだよ。地球のセーターって何だと思う？」と説明する。

　「企業と消費者」にしても、両方の立場と制約がある程度わかっていて始めて、「言いたいことをお互いに言うだけ」を超えたコミュニケーションが可能になります。そういう「平たく言う翻訳機」(^^;)みたいなインターフェイスです。

　本当の通訳（英／日という意味です^^;)でもよく思うのですが、コミュニケーションとはそもそも「立場や理解が違う相手に何かを伝えること」。つまり何らかのギャップを乗り越える努力がコミュニケーションだと思います。そのときのギャップには、少なくとも2種類あるように思います。「知識のギャップ（専門家vs素人など）」と「置かれた立場のギャップ（企業vs消費者など）」です。

　「知識のギャップ」を超えるには、専門家側が「噛み砕く努力をどれほどするか」ですが、この努力をする／しない、できる／できない専門家を（通訳ブースや打ち合わせの席で）たくさん見てきました。何が違うんだろう？ と思っていましたが、努力をする（できる）専門家は、たぶん、「自分が子どもだったことを覚えている大人（＝知らない、わからないという状態を忘れていない専門家）」「相手に伝えることが大切だと思っている人」「相手に伝わっているかどうかについて、感受性がある人」なのだと思います。

　「立場のギャップ」も同じですが、たとえば企業にとって「当然」のことが消費者にとっては「当然」ではありませんし、逆も同じですから、「相手の立場に身を置ける人」を付け加えることができるでしょう。

　以前、「良いコミュニケーター」という話を書きました。

　　　　優れたコミュニケーターに共通する3原則を発見しました。

その1：伝えるべき内容を持っている
　　その2：伝えようという気持ちを持っている
　　その3：伝えるためのスキルを持っている

　「その2」がいちばんの基本であり、「その3」のスキルに、伝えるスキルだけではなく、伝わっているか確認しながら進めるための「感受性」が入るなぁ、と思います。

　どこかでこの話をしましたら、ある人が「いやー、自分は感受性が鈍いのでダメですわ」というので、「感受性が鈍いと自覚されているのは、その自覚もない人よりずっとマシですよ」と答えました（慰めにならないか…… ^^;）。でも感受性があってもなくても、伝わっているかを確認する方法はひとつです。相手に聞いてみること。鈍いならなおさら、相手に確かめながら伝えられたらどうでしょう？と申し上げたのでした。

　私は大学・大学院時代は、カウンセリングを専攻していました。来談者中心療法と言われるロジャーズ派でしたから、「とにかく相手の話をひとつずつ確認しながら、どこまでも聴く」のです。もともとそういう志向があったので、ロジャーズ派に惹かれたのだと思いますが、それにしても今につながる訓練だったと思います。

　そして通訳の仕事も「相手の話を聞くこと」が基本です。聞かないことには通訳できませんから。同時通訳の場合は、時間的な制約がありますが、逐次通訳（話し手と通訳者が順番に喋るもの）の場合は、相手に伝わっているか確認しつつ進めることができます。

　数年前にある企業の通訳を3日間したときに、担当部長さんから「これまでお願いした通訳者の中で、キミは2番目に良かった！」と誉めてもらいました。この企業の外人の方が、日本企業十数社を一社ずつ回ってプレゼンをする通訳を逐次で行いました。同じプレゼンを十数回通訳したわけですが、全部に同席された部長さん曰く「キミは聞き手の理解レベルに合わせて通訳を変えていたね。技術に詳しい客先では繰り返しになる説明は簡潔に済ませ、あまり詳しくない

客先では丁寧に訳していたでしょう」。「しかも毎回初めてのプレゼンみたいに！」(実はこれがいちばん大変だった ^^;)。

　こうやって考えてみると、「人の話を聞き」「それを伝える」仕事を始めてもう15年になるのだなぁ、と思います。その場面は「カウンセリング」「通訳」「環境コミュニケーション」と変わってきましたが。

　英語で日本の環境情報を発信する活動も立ち上げましたし、「日本語と日本語」のみならず「英語と日本語」のインターフェイスの役割も少しでも果たしていければと思っています。

　この雑談の最後に、私の大好きな詩をご紹介します。谷川俊太郎さんの『みみをすます』(福音館書店) から、私にとってとても大切な部分を。

　　　(ひとつのおとに
　　　ひとつのこえに
　　　みみをすますことが
　　　もうひとつのおとに
　　　もうひとつのこえに
　　　みみをふさぐことに
　　　ならないように)
　　　……………………
　　　みみをすます
　　　きょうへとながれこむ
　　　あしたの
　　　まだきこえない
　　　おがわのせせらぎに
　　　みみをすます

　原文でも（ ）に入っているのですが、その部分はカウンセリングでも今の自分の仕事にとっても、座右の銘にしたいほどです。

……というわけで400号です。「思えば遠くへ来たもんだ」とよく思いますが、この先どこまでいくのやら(^^;)、引き続きどうぞよろしくお願いいたします。

「身」を通してメッセージを伝えること
No.483 (2001.06.05)

ハンガー・バンケットのイベントの案内がありました。昼食会で世界の不公平な食糧配分を体験してみる、というもので、くじ引きでパンと水だけの「飢餓コース」、豆とご飯の「粗食コース」、「豪華フル・コース」に運命が分かれる、というものです。これは、先般の私のテーマ？である、ビジュアル化だ！と興味を持ちました。以前に同様のプログラムに参加されたNPO法人レインボーの木下拓己さんが「一参加者の体験談」を寄せてくださいました。

「ハンガー・バンケット」、清泉女子大学が50周年記念に行っております。
　私はその時に参加して1割の先進国コースに当選して中村屋のフランス料理を食べました。役柄はチェコスロバキアから亡命した自動車工員のコレシュで、ながーいホテルぽいテーブルで会食しました。
　その周りをチンマリとした机を囲んだパンとスープの人々が2割、さらにその周りを地べたに座った豆のうすーいお粥の人が7割取り囲むというレイアウトです。
　会場への出入りも階層によってわざと差別されています。ワークショップでは確か、1割の先進国コースの人だけは役柄を持っていてみんなに自己紹介ができた気がします。今考えるとこんなところにも、他の人々をその他大勢の無名の人として扱う工夫がされているのかな？
　私は信条である美味しい物は感謝して残さず食べるを実践あるのみでしたが、確かに世界の縮図を実感できる9割以上の人々の物言わぬ視線が周りにいることをビジュアルに感じられる面白い試みだと思いました。
　学校柄シスターがこんなことには耐えられないと料理を持って第三世界

のところに駆け寄ったり色々ありました。ただ、そんな中でもせっかくのフルコースを残している人が居たから驚きました。

　参加記を寄せて下さって、ありがとうございます。その場の雰囲気や感じが伝わってくるような気がします。
　先日、中小企業の方々と環境活動評価プログラムのワークショップをしました。そのときに川口青年会議所の徳竹さんが、こんな話をしてくれました。

　　この間、子どもたちに環境問題の話をする機会がありました。ゴミ拾いをして、その分別をして……という活動の後で30分ぐらい。ゴミの話をしたあとに、枝廣さんのニュースで読んだ「地球の人口が100人だったら？」を使って、「地球の人口が10人だったら？」をやりました。
　　子どもたちの中から、男の子5人、女の子5人に前に出てきてもらってね、「世界全体で考えたら、ちゃんとした家に住んでいるのは、この中でこの2人だけ」「字が読めるのは、この3人だけ」「ちゃんと栄養が足りているのは、5人しかいない」「コンピュータを持っているのは、この中で1人いるかいないかだぞ〜」って、いくつか例を挙げて、話をしました。
　　子どもたちは、自分たちが貧しいと思っているんですよ。「ディズニーランドへ行けないから貧しい」「海外旅行へ行けないから貧しい」ってね。でも、自分たちの仲間10人が目の前に立って、たとえば、その中の2人しかちゃんとした家に住んでいないんだ、ということを見せられて、ショックだったみたいですよ。これまでとは違う見方もしてくれるようになったんじゃないかな。

　このように、実際に自分や友達の身体で問題を認識するということは、とても強力なアプローチだと思います。
　地球環境問題は、規模も大きく数字も大きくなりがちです。「毎年7800万人ずつ人口が増えています」と言われても、悲しいかな、人間の想像力には限界が

あって、これほど大きな数字では、とうてい「実感」には結びつきません。そして「実感」がないと「危機感」を感じることもできないでしょう。もちろん、理性や頭で理解することはできますが。

　アースポリシー研究所のレスター・ブラウン所長も、「途方もなく大きな、私たちの理解や想像を超える数字をどうやって実感できる形で示すか」ということに心を砕いています。彼の書くものを読んでいると、いろいろな「例え」を出して苦心していることがわかります。

　人口増加で言えば、私がよく使う例は、「1時間に1万人ずつ増えている」です。把握できる形に砕くこと、そして、実感につながる提示の仕方をすること。日本語に「噛み砕く」という表現がありますが、消化しやすい形にするということですね。

　時々「環境コミュニケーション」の話をしますが、このあたりもひとつのポイントではないかな、と思います。コミュニケーションの目的は、「理解し、実感してもらって、行動につなげてもらうこと」だからです。

　[No.413] で「比較と対比の重要性」として、レスターが「いちばん大切なのは、何と何を対比して提示するかだ」と言っていたという話を書きました。この一例をご紹介しましょう。数年前になりますが、ルワンダで民族抗争が激化して、悲惨な状況が伝わっていた頃、レスターは人口問題の話の中で、このように話していました。「ルワンダの内戦では50万人もの人が亡くなった。とても悲劇的なことだ。しかし、地球の人口にしてみれば、ほんの48時間でその数を埋めてしまえるのだ」。

　通訳しながら、戦慄を覚えました。遠い世界や大きな数字を、どう噛み砕き、何と対比することで、大切なメッセージを伝えるか……ひとつのよい例ではないかと思います。

環境ラベル〜LCA

No. 340 (2000.12.11)

「グリーン・コンシューマーの重要性」「気持ちがあれば誰でもなれること」を多くの人が理解するにつれて、「じゃあ、どうやって選んだらいいの？」ということが焦点になってきますね。

環境税などによって、環境への影響が価格に反映されるようになれば、価格がいちばんシンプルな判断基準になるでしょう。そして、「価格」が購買判断の大きな部分を占めることからも、これがもっとも直截的に目的（環境負荷を下げる）を達成することができます。

もうひとつは、環境負荷に関する情報を消費者に与えて、選択の際の情報にしてもらうことがあります。製品の環境負荷に関する情報ということであれば、LCA（ライフサイクルアセスメント）は、役に立つツールです。その製品を作るための原材料の採取から、製造、輸送、使用時、使用後の廃棄等まで、「ゆりかごから墓場まで」製品の一生を通して、環境負荷を計算する手法です。これは、現在のところ、「生産者の判断のため」に使われることが多いように思います。

LCAのデータ（数字）をそのまま持ってこられても、消費者には判断がつきませんから、ある基準で分類して、ラベルを付けよう、というのがエコラベルです。LCAも様々な生データを何らかの方法で重み付けして、指標の数を絞っていかないと実用的ではないのですが、エコラベルはおそらくもっと大胆に、一つの指標（＝ラベル）にするために、カテゴリー化や重み付けをしているのだろうと思います。（今度もっと勉強してきます ^^;)。

専門家が知恵を絞って、現在の科学技術の知識で最も適切であろうと思われる方法でエコラベルの区分と基準が決められているのだと思いますが、エコラベルのユーザーである消費者としては、「どういう分類で、どういう重み付けになっていて、その理由は？」という問いを大切に、「新しい発見（二酸化炭素より地球にとってコワイものが見い出されるとか）などによって、エコラベルの基準も変わっていくこと」を理解して、「だれでもどこでもグリーンコンシュー

マーになれる支援ツール」として、エコラベルと付き合っていきたいな、と思います。

　エコラベルは、各製品の「データ」を、ある「基準」に照らし合わせてつけるのですよね。LCAは、そのデータを得る手法のひとつ、と考えることができます。

　企業の環境報告書などにも、製品のLCAを載せているところもあるので、ご興味のある方は比べてみられると面白いですよ。製品によって「原材料」「製造」「使用時」「廃棄」などの各段階の環境負荷の分布がけっこう異なっています。

　メーカーはこの結果を見て、どこに力を入れればいちばん効率的に環境負荷が減らせるか、優先順位をつけることができます。たとえば家電メーカーが待機電力の削減にしのぎを削っているのも、LCAなどによって、思いの外、待機電力の環境負荷が大きいことが明らかになったためでしょう。

　自動車では、使用時のLCA（たとえば二酸化炭素）が全体の約8割を占めています。となると、使用時の環境負荷をどうやって減らすかが大切です。自動車メーカーは製造プロセスの工夫も必要ですが、「できるだけ環境負荷の少ない自動車の使い方」をユーザーに伝えていくことも同じように重要でしょう。

　LCAの結果を、メーカーだけではなく、一般消費者にも使えるようにしてほしいなあ、と思っています。いろいろな環境への影響を重み付けして……となるとフクザツになり、ラベルで見分ける方が簡単になりますが、二酸化炭素だったら、そのままの数字でも使えないかしら？

　たとえば、レストランへ行くと、メニューにはそれぞれ、「値段」と「カロリー」、そして「CO_2排出量」が書いてある。お客さんはそれを参考に、お財布と昨日の体重計の目盛りと地球への負荷を考え合わせて、メニューを選ぶ……。どうでしょうか？

　SFチックにもっと話を大きくすると(^^;)、各国に割り当てられた二酸化炭素排出量を国民数で頭割りし、各国民が「自分の排出枠」を持っている時代が来る。自分の枠を超えたら、余っている人から買い入れるしかない。

　通帳の残高を見ながら買い物をするように、「排出枠の残高」を見ながら、昼

食メニューを選んだり、移動手段を選ぶ（すべての商品やサービスにはLCAによるCO_2ポイントが表示してあり、消費すればそのポイントが各自の「排出枠口座」から引き落とされるしくみ）……。

生活水準が高い人は当然多くのポイントを使うので、そうではない人から排出枠を買うことになり、富の再分配につながるし、発展途上国の人口増加問題もいっしょに解決できる（人口が増えれば、それだけ一人当たりの排出枠は小さくなるので、人口抑制への力がかかる）一石数鳥案だと思っていますが、どうでしょうね？

ちなみに、各地で講演するときに聞いてみても、一般の方々で「LCA」という言葉を知っている人はほとんどいらっしゃいません。「ラクな（L）チョイス（C）のアシスタント（A）」のLCAです、なんて売り込んだらどうでしょうね？

環境問題の学び方についてのお喋り

No. 388 (2001.01.27)

ワシントンからの帰りの機内でヒマに任せて「ちょっとお喋り」のつもりで書いていたニュースが発掘されました(^^;)。

時々、「環境問題って、どうやって勉強したらよいのでしょう？」と聞かれることがあります。「環境分野の体系的な勉強法を教えてほしい」「環境問題の全体像を示してほしい」と言われることもあります。

皆さんだったら、どういうお答えをされますか？ 私はいつも「う～ん」となるんですね（これでは参考になりませんね ^^;）。そもそも、環境分野に「体系」があるのだろうか？ う～ん……。

「環境問題は、奥が深い」「知れば知るほどわからなくなる」「これまで疑問にも思わなかったことも気になるようになって、落ち着かない」「知らなかった世界に引きずり込まれて、混乱している」などの声も届きます。最後のコメントには、引きずり込んだ張本人として、「まるでパンドラの箱を開けちゃったみたいでしょう」と慰めましたが、慰めになったかどうか？(^^;)。ご本人は、「後悔

はしていない」と、雄々しく答えてくれましたが。

環境問題の体系や環境問題の効果的な勉強方法を知っているわけではありませんが、いつも思っていることを少し書いてみたいと思います。まずは、「そうなんだよねぇ」と思います。「奥が深い」「知れば知るほどわからなくなる」ってことです（ニュースを見てもそう思うでしょう？）。

話は飛びますが、ウチの本棚にはきっともう使うことはないだろう……という本がいっぱいあるんですよ。「デリバティブ取引の心得」に、「フォークリフト運転者マニュアル」なんていうのまであります。これは、フォークリフトの事故をめぐっての訴訟の通訳の前に勉強しました。フォークリフトのしくみがわからないと、どうしてバランスが崩れたか、の説明もわからないと思ったからです。おかげで、通訳の仕事がなくなっても、どこかの工場で雇ってもらえるかもしれない(^^;)。

専門学会の通訳などでは特にそうですが、どのような分野にせよ、その道何十年も研究や実践してきた方々の頭の中を、素人の通訳者が一夜漬けですべて理解して、通訳ブースに入ることは不可能です。山のような参考資料を前に、限られた時間で、少なくとも恥をかかないレベルのパフォーマンスができるように、どうやって勉強するか？　それぞれ試行錯誤で、自分なりの方法論を編み出しているのだと思います。私もそうです（それでも、恥をかくことはよくあります ^^;)。

私の場合は、資料にざっと目を通しながら、だいたい「その分野の歴史（はじまり、展開、重要な研究や鍵を握る研究者など）」「現状（主なプレーヤー、現在取り上げられている分野や問題、各々の立場や主張など）」というポイントを拾って、理解しようとします。

いちばん大切なのは、「現在」ですから（考古学の学会であっても！）、現在の主要な課題やテーマ、だれがどのようなことを言っているのか、を押さえます。だいたいここまでやってくると、自分でも言いたいことがでてくるんですね(^^;)。「ここがはっきりしないけど、どういうことだろう？」「どうしてだれもこれについて、語っていないのだろう？」「これとこれは、どういう関係がある

のだろう？」などなど。

　それをメモしておいて、打ち合わせで確認します。あとは出たとこ勝負！　運天（運を天に任せる）です(^^;)。この通訳の準備は、やっているうちに要領（自分のクセも含めて）が少しずつわかってきて、前ほど時間もかからず、捨てる思い切りも身についてきたように思います。でもその「準備」が楽しいかどうか、これが大きいですね。やっぱり好きな分野の仕事はいいです。ハッピーになれます。

　通訳以外でも、まあこんな感じで、自分の関心のある環境問題について手当たり次第、好奇心の導くままに(?)、いろいろと調べています。「これについて書きませんか？」という課題を与えてもらうことも多く、有り難く思っています。このニュースもそうですが、新聞や機関誌の連載など、調べたことを発表できる場をいただいていることがとても役立っています。

　最近は大部分の時間を環境関連に費やしているような気がしますが(^^;)、それでも、よく「パッチワークをやってるみたい」と思います。小さなポストイットをぺたぺた貼っている感じですね。

　パッチワークにしてもポストイットにしても、「その小片」にしか目や頭がいかないのと、「これは全体の中ではどういう位置づけになるのだろう？」と仮説を立てながら貼るのでは、違いが出てくると思っています。

　絶対的な全体像があるわけではなく、生きている地球や人間を対象にしている以上、その全体像も毎日変わっているのだと思いますが、少なくとも自分なりの「モノをみたり考えたりする枠組み」を、できるだけ広い領域の中に作っていけるといいな、と思います。

　もちろん、枠組みは毎日広がったり、修正されたりしているけど、叩き台としての自分なりの枠組みができてからは、勉強がとてもラクになりました。温暖化でもゴミ問題でも森林でも、その根っこは一緒、という枠組みができたので、ダイオキシンでも環境ホルモンでも、勉強すべきは個々のテクニカルな部分で済むようになりました。

　たくさん刺激を受け続けると、シナプスのようにどんどんつながりが形成さ

れて、いつか、枠組みになってくれるのでしょう。「どんどんラクになることを信じて、自分の関心のある分野の情報に手当たり次第、触れること」が第一歩でしょうか？

ところで、「パンドラの箱」氏は最近、「調べていくと、いろいろなことに広がってきて、面白くなってきた」と言っていました。「でしょう！」と私。「パンドラの箱じゃなくって、宝の箱だったでしょう！」(^^;)。

ローストビーフとライフスタイルの話

No. 355 (2000.12.25)

今日は、ローストビーフのお話。

　若い夫が、妻がいそいそとローストビーフを焼く様子を見ていました。妻は、オーブンに入れる前に両端を少しずつ切り落としていました。「おや、どうして両端を切ってからオーブンに入れるの？」と尋ねると、「だって…お母さんがいつもそうしていたんだもの」。

　夫婦で妻の実家に遊びに行く機会がありました。ご馳走のローストビーフを焼く義母を見ていたら、やっぱり両端を切り落としてオーブンに入れています。「お義母さん、どうして両端を切ってから焼くのですか？」と婿が尋ねると、お義母さんは「さあ、どうしてでしょう……？ いつも母がそうしていましたから」。

　夫はついに、妻の祖母に会いに行きました。「お祖母ちゃん、どうして、ローストビーフを焼くときに、両端を切り落としていたのですか？」

　お祖母ちゃんは、ニコニコと「オーブンが小さくて、入りきらなかったからですよ」。

環境関係の会議や話し合いに出ていると、決まり文句か結論のように出てくるのが、ひとりひとりの「ライフスタイルを変えないと」「価値観を変えないと」

いけない、ということです。そうなんだけどね〜、と思います。でも「ライフスタイルを変える」と言うと、明日から車は絶対使わないとか、オーガニックしか買わないとか、かなり大きな変化をイメージして抵抗する人も多いように思います。

でも考えてみると、「ライフスタイル」と呼ばれているものは、私たちの毎日、朝起きてから夜寝るまでの行動と選択の積み重ねなのですね。朝何時に起きるか、起きて何をするか、歯を磨くときに水を出しっぱなしにするか止めるか、どの歯磨きチューブをどのくらい使うか、朝食は食べるか、何をどのくらい食べるか……という瞬間瞬間の行動（行動しないことも含めて）と選択が織りなすものが、その人のライフスタイルなのでしょう。

そう考えると、「ライフスタイルを変えるのは簡単である」と言えます。これまで歯磨きのときに水を出しっぱなしにしていたけど、今日からはコップを使って蛇口は止めます、とすれば、「ライフスタイルが変わりました！」ってことです。

では、「どうすればライフスタイル（行動の選択基準）は変わるか？」ですね。いろいろあると思いますが、今のところ、私が考えているのは、

(1) 情報：知らなかった事実や、自分の行動が及ぼす影響を知ること。
(2) 気づき：これまで意識していなかった自分の行動の不合理性に気づくこと。
(3) ノリ：かっこいい、オシャレ、何となく（みんながやっているとか）

です。どうでしょうね？　アイディアをください。

(1)は、よく言われていることで、このためのさまざまな努力がなされています。情報はふんだんに手に入るようになりましたが、足らないのは「環境マーケティング」だと思います。つまり対象者をセグメントに分け、それぞれのニーズやプロフィールに合わせて、どう「環境」を売り込んでいくか？　です。環境NGO・NPOの弱い（これまで力を入れてこなかった）部分が、この「環境マーケティング」だろうと思います。

(2)の例が、上記のローストビーフです。お祖母ちゃんの答えを聞いたら、そのうえ、もしお祖母ちゃんが「数年前に大きなオーブンに替えてからは、もち

ろん、両端を切り落とすなんてもったいないことはしていませんよ」と言ったりしたら、お義母さんも若妻も、これからはきっと、両端を切らずにお肉を焼くことでしょう。こういうことって、よくあるように思います。個人でも、組織の内にでも。

　先日、「議論で打ち負かすのではなく、我慢大会でもなく、乗り換えられる船を用意してあげることだ」というコメントをもらいました。これはとても大切なことです。「船を乗り換える」ためには、なぜそもそもその「船」に乗っているのか、を乗っている人が意識することが大切です。

　講演でも話す例ですが、トイレで暖房付便座をお使いの方も多いでしょう？ (ちなみに、外国では見たことがありませんねぇ…) あれ、冬にはうれしいものですが、一日中電気をつけっぱなしなのですよね。一日で30分間ヘアドライヤーをつけっぱなしにしているのと同じ電力を消費するそうです。便座の暖房なら一日中つけていても平気だけど、ドライヤー30分というと、何だか本当に無駄でもったいない、という気がしますよね。そのような思いにつなぐための、(1)情報ですね。

　そして、「乗り換える船」ですが、もともと暖房付便座を使うのは、座ったとき冷たいのがイヤだからでしょう？ なら、座ったとき冷たくなければ、別に電力を使って一日中便座を温めていなくてもよいわけです。

　……ということで、数百円投資して、「暖房付便座用便座カバー」を買いました。昔は便座カバーは暖房付便座には取り付けられなかったのですが、最近は専用のものがいろいろと売り出されていますから大丈夫です。これで「地球のためやめなさい！」という議論でもなく、冷たさを我慢することもなく、今までどおりの快適さで、電力を使わなくてもすみます（そして、電気代も節約できてオトクです）。

　もうひとつ。台所でお皿やフライパンを洗うときに、夏は水でいいけど、冬には温水を使っていました。何となく「お湯のほうが油落ちがよいから」と思って（油を使っていないお皿でも^^;）お湯を使っていました。でも夏の皿洗いでお湯を使う回数が少ないということは、「手が冷たいのがイヤだから」お湯を

使うことが多いのだろう、と思いました。そこでクイズです。「お湯を使わずに、冬に手の冷たさを回避できる方法は？」。

私の答えは「ゴム手袋をする」でした。これも数百円の投資をして、できるだけ厚めの温かそうなゴム手袋を台所に置くようになってから、本当に油汚れでお湯が必要なとき以外は、冬でも水ですむようになりました。

小さな例ですが（ライフスタイルって、こういう小さな例の積み重ねですから ^^;)、こういう行動の変化って、別に我慢も必要ないし、無理やりそう考えたり、信じる作業も必要ないし、「あ、そうか。じゃあ」って感じじゃないでしょうか？

もうひとつ、(3)ですが、私の例でいうと「マイ箸」がそんな感じかなぁ、と思います。私のマイ箸はこの夏からですから、まだ初心者です(^^;)。まだよく忘れちゃいますが、覚えているときは持っていくことにしています。

割り箸を使わないことが、森林保護に結びつくとかつかないとか、議論がありますし、先日もある環境会議のランチの席で、ある先生が「マイ箸が森林保護になるという原始的な信仰がまだある」とおっしゃったときには、鞄の中にマイ箸が入っていたので、「サンドイッチでよかった〜」とほっ(^^;)。

余談ですが、マイ箸派の方を見ていると、その理由は三つぐらいありそうです。途上国の森林破壊（中国からだけでも年に1億膳の割り箸が輸入されています）。ゴミ問題（割り箸は一度使われただけでゴミになります）。そして、割り箸の防腐剤。

ともあれ、私が（覚えているときには^^;) マイ箸を持参するのは、割り箸より使いやすく、何となく落ち着くからです。割り箸だとご飯粒がくっついたり、お醤油の色がついたりして、何となく美しくないでしょう？

朝、「今日はどのお箸を持っていこうかな〜？」と選ぶのもちょっと楽しいし、そのうちだれか、お箸袋ストラップっていうのを発明して、だれもがお箸袋をポケットや鞄からぶら下げるのが、「かっこよくて便利」って思うようにならないかな？(^^;)。

「なんでそれ（便座の暖房や皿洗いのお湯など）を使っているの？ 何のため？」

というのがわかれば、その機能やサービスを別の環境負荷の低いもので代替することが考えられます。

ところで、最初のローストビーフの話、大学院で勉強していた臨床心理学の本で読んだものです。「価値観の変容」というのは、心理学も大いに活躍すべき領域です。論理療法、行動療法、学習心理学、モデリング理論等々、いろいろ参考になるものがあります。

そしてこのローストビーフの話を最初にしたのは、私が大学院を卒業して就職した会社でした。ここでは毎週の朝会で当番制で社員が話をしていました。(この年の唯一の^^;) 新入社員の私の最初の番になったとき、私はこの話をして、「皆さんはずっとこの会社にいるので、きっとローストビーフの両端を不要に切り落とすようなこともしていらっしゃるでしょう。私は新参者ですから"あれ?"と思うと思います。いちいち"それはなぜですか、おかしいのではないですか?"と言いますから、いっしょに会社をよくしていきましょう!」ってなことを喋ったのですね。

昔から生意気だったんですねぇ(^^;)。

「価値観を変えなくてはいけない」について

No. 448 (2001.04.20)

市民向けや市民が参加している環境シンポジウムや講演会で、「環境を守るには、価値観を変えなくてはなりません」ということをよく聞きます。

昨日の講演会でも、私の講演の後に「価値観を変えなくては」という言葉が出ました。私は前からこの言葉にひっかかっていたので、少し時間をもらって、返事をさせてもらいました(質問されたわけではないのですが^^;)。

「よく価値観を変えねば、と言いますが、私はそんなに大それた、大変なことではないのではないか、と思っています」と言って、[No.355] にも書きました「ローストビーフ」の話をすると、会場に笑いながらうなずく顔がいくつも見えました。「同じように、『ライフスタイルを変えよう』とよく言います。毎日毎

時、何をどのようにするか、その積み重ねが"ライフスタイル"と言われるものであって、"ライフスタイルを変える"といっても、じゃあ車をやめようとか、全部有機食品に切り替えようとか、そういう大きな変革じゃなくて、歯を磨くときに蛇口を締めていなかったけど、今日から締めようとか、そういう小さな行動を変えることじゃないかと思うのですが」と話しました。

　講演が終わって出口のところにいましたら、一人のおばさんが近づいてきて、「最後の話がとってもよくわかりました。それまでの話は難しいこともあって、あちこちチンプンカンプンでしたが(^^;)、最後のはすごくよくわかりました」と言ってくれました。励まされる思いで、帰りの新幹線で"価値観を変える"について、もう少し整理して考えてみました。

　まず、「価値観を変えなくては」という言葉は、私にとっては何の意味も伝えてくれない言葉だなぁ、と思っています。「それは難しい問題ですね」というのと同じレベルに聞こえてしまう。

　もし、「価値観を変えなくては」というのなら、
　(1)価値観とは具体的に何か
　(2)どうすれば変えることができるのか（価値観変容キットとか^^;)
　(3)変わったらどうなるのか
　せめてこの3点セットぐらいは教えてくれないと、と思うのです。

　そもそも「価値観」って何だろう？　価値観とは「自分が大切だと思っているもの」だと思います。そして、その人の行動や判断の中核にあるもの、でしょう。もう少し言うと、「自分が大切だと思うこと」はいくつもあるはずです。地球環境は大事だ、自分の健康も大事だ、友達との楽しい交流も大事だ、おいしいものも好きだ(^^；)、などなど。

　こういう「大切だと思うこと」は、時に（しばしば、というか）拮抗します。友達と楽しく飲みたい、でもお酒は控えろと医者に言われている、ビールを造るためにどのくらいの穀物を使っているのだろう？　環境に悪いのではないか？等々。そのようにぶつかり合うときに、時にはこっちを選び、時にはあっちを選ぶ。そのバランスの取り方こそが、「価値観」と称されるものではないかなぁ、

と思います。そうだとしたら、そんなビミョーでフクザツなもの、変えようと思って変えられるものではないんじゃない？と思います。

それからもうひとつ、「変えなくてはならないのは、行動である」とも思います。価値観が二酸化炭素を排出しているのではなく、私たちの毎日の行動が二酸化炭素を出しているのだ、と。最初に書いたように「価値観が行動を左右する」という観点から、「行動を変えるためには、価値観を変えなくては」となるのだと思います。でも、本当にそうだろうか？

ご自分の毎日の行動をちょっと考えていただければわかると思いますが、私たちの行動のほとんど（80％ぐらい？　裏づけはないですが^^;）は、無意識の行動ではないかと思います。

最初に自転車に乗ったとき、自動車の運転をしたときは、すべての行動が「意識的な行動」です。でもそれが慣れてくると、自動化されてきます。そうじゃないと（すべての行動を意識しながら行うとすると）大変です。疲れちゃいますよね。

たとえば、歯を磨くとき。歯ブラシに手を伸ばして、チューブのふたをあけ、歯磨き粉を歯ブラシにつけて、ちょっと水をつけ、磨いて、うがいして、歯ブラシを洗って所定の場所に置く……。歯医者さんに行ったあとは、磨き方に気をつけるかもしれませんが(^^;)、ほとんど自動化されていませんか？

残り20％のうち、15％は（これもテキトーな数字ですが）意識的な行動です。それをしなくちゃいけない、した方が良い、と思って行う行動ですね。飲み終えたペットボトルを洗って回収ボックスに入れるのは、多分無意識ではなく、「そうした方がいい」と思ってやっているのでしょう。

この「無意識の行動」と「意識しての行動」を左右するのは、「情報と知識」だと思います。特に"その行動と結果のつながりを見せる"情報や知識が本人にとって「意味」を持ったとき、つまり「気づき」があったとき、「腑に落ちた」とき、行動が変わるのではないか。

ペットボトルのリサイクルがどういう意味があるのか、それがわかってはじめて進んで回収ポイントに出すようになるでしょう。米国で喫煙と健康への害

に関する情報が普及した結果、大きく喫煙率が減少したのも、「無意識だった行動が、実はどういう意味なのか、そのつながりが見えた」結果だと考えられます。

　最後の5％（？）が、「自分としては絶対にこうしたい」というものかもしれません。喫煙の害は十分にわかっているけど「それでも吸いたい」というのもそうなのかな？　これだけは譲れないというようなものがそれぞれの人にあるのだと思います。こだわりというか、価値観というかわかりませんが……。

　「環境は大切ではない」とこだわっている人がいれば、その「価値観」を変えてもらう必要は多分にありますが、多くの人は「なぜ環境が大切か」さえわかれば、「大切だよねぇ」と思うと思います。そういう意味では、あまり「価値観を変える」ことをターゲットにする必要はないのではないか。

　そして上に書いたように、「価値観」に左右される「行動」って、ほんの一部なのではないかなぁ、と思います。そして「価値観」の前に、「環境にやさしくない無意識の行動」「意識してやっている行動だけど、実は環境にやさしくない行動」を変える方が先ではないかなぁ、効果が大きいのではないかなぁ、と思います。

　もうひとつ。自分の経験から「価値観の問題もなく、わかってもいるけど、それでもできないこともある」と思っています。自分の経験とはマイ箸のこと。私はマイ箸を使い始めてまだ半年ぐらいです。もちろんその前から、環境問題についてはある程度わかっていて、割り箸の様々な意味を理解しており、「使わない方がいい」と自分では思っていました。

　でも、なかなか自分では使えなかったんですね。マイ箸を持ち歩いてはいましたが、特に人と一緒のときにはなかなか取り出すことができませんでした。ためらいや気恥ずかしさがあったのだと思います。そして同時に、割り箸を割るときに後ろめたい思いも感じていました。

　何がきっかけで「臆面もなく」（？）使えるようになったかというと、去年の夏に家族で能登半島に旅行に出かけたときのことでした。輪島のあたりで100円ショップに寄ったときに「家族のマイ箸、買おうか」ということになったんで

すね（いま思うと、せっかく輪島に行っていたのだから、100円ショップよりマシなお箸にすればよかったと思いますが ^^;)。

　旅行の間、家族全員でマイ箸を使っているうちに、以前のためらいなどは消え、自分のお箸の快適さがわかってきました。ご飯粒もつかないし、お醤油で汚れないし。それ以降、一人でも、人と一緒でも（忘れなければ）自分のお箸を使うようになりました。

　その経験から「わかっていても踏み出せない」ってこと、あるんだよなぁ、と思います。だから「環境やっているのにあの人は割り箸を使っている」というような非難は、私にはできないよなぁ、と思います。ただ、ためらいや踏み出せないところを乗り越えやすくする工夫はできるでしょうね。私の場合のように、「みんなでやる」というきっかけなど。

　それに割り箸を使わないということは、森林破壊やゴミ問題を少しでも軽減するための数多くある方法の一つです。割り箸は使うけど、裏紙は無駄にしていないよ、というならそれでもいいのかもしれない（少なくとも何もしていないよりずっといい）。

　「機が熟す」ということ、日常の行動の変化でもあるんじゃないかなぁ、と思います。ただ、機を熟させる刺激は意識的に。いろいろな情報にふれたり、他の人がやっていることの話を聞いたり、自分の日常の行動をちょっと客観的に見てみる、とか。

　私がこれまで講演などでお喋りして、「知らなかった。今日から変えます」と感想をいただいた例がいくつかあります。そこでの「機を熟させる刺激」になった話というのは、「ペットボトルのリサイクル工場に行ったら、作業員がベルトコンベヤーの上にかがみ込んで、ひとつずつラベルを取っていた」という自分が実際に見た話や、「暖房付き便座を一日つけていると、ヘヤドライヤーを30分つけっぱなしにしているのと同じ量の電気を使っている」という、データを身近な例に置き換えた話などです。

　たとえば、こういう話を聞いたり、自分でいろいろ知ったりしていくうちに、リサイクルにも熱心になり、省エネにも気をつけるようになり、買う物もこれ

までと違う基準で選ぶようになり……となってきたとき、遠くから見れば「あの人は価値観が変わったね」と見えるのかもしれません。
　自分の考えていることを書いてみましたが、まだ"考え途中"です。「価値観や価値観を変えることは大切ではない」と思っているわけではありませんので、念のため。何かお考えがあればお寄せ下さい。

第3章
本当の豊かさとは

ルポルタージュ──循環型社会へ向かう日本の諸相──
No. 410 (2001.03.04)

　ある方が「日本には200万人ぐらい社長さんがいます」と教えてくれたことがあります。それだけの数の企業があるのですね。言うまでもなく、その大部分が日本経済を支える土台である中小企業です。

　私は中小企業の経営者の方々とお話をする機会が多いので、実感として感じていることがあります。かつては「環境は大企業がやるもの。自分たちは関係ない」と思っていた中小企業の多くが、今では「自分たちも何かしなくては」という意識を強く持つようになっている、ということです。

　ほんの2年ほど前でも、地方の中小企業の方に環境の話をしても、「我が事」とはなかなか思ってもらえませんでした。でも最近は、環境問題の悪化のニュースが増えていること、そして、法規制や市場ニーズ、商慣習といった"ビジネス環境"そのものが環境問題のせいで変わってきていることから、ひしひしと我が事として考える経営者が増えています。

　このニュースを読んでくださっている方々の中にも、中小企業の方がたくさんいらっしゃいます。大企業の環境活動は新聞や雑誌で読むことができますが、中小企業の取り組みや考えには、なかなか触れることができません。その意味で、ニュースの読者が寄せて下さる「声」は、本当に貴重で有り難いと思っています。レジ袋などのポリ袋メーカー、古紙回収業、建設業に携わっていらっしゃる方々からの「声」をお届けしたいと思います。

　　今年に入ってスーパーのレジ袋を中心に受注量が激減して、不況風が吹いています。これが環境対策ならまだいいのですが、輸入品に価格面でかなわないということで減少しているもんですから、海外からゴミになる袋を輸入するという悲しい現実があります。

　　具体的に言えば、レジ袋で30％強、ゴミ袋で40％ほどが輸入です。輸入先は中国・タイ・インドネシア・台湾という東南アジア系です。

総輸入料が27万トンです。レジ袋1袋が約8ｇですから……。レジ袋の他の袋もこの総輸入料には含まれているので、レジ袋は月8億枚程度になるのではないかと思います。

　レジ袋の回収は、回収ルートはある程度できてきたのですが、家庭から出るものになると、油などの各種汚れや埃などの混入によりブツブツができたり、色はもちろん一定でなかったりなど再生商品のグレードはかなり落ちます。これはヨーロッパの自治体のように理解を持ってゴミ袋などに使用するという確たる政府の方針が出なければ、誰も手を出せない不採算の分野になると思います。

　ただ、その使い道さえ決まれば技術的には再生利用は非常に簡単であると言うことは断言できます。工場内の製品くずは、ほぼ100％リサイクルできている現状があるんですから！

◇　◇　◇

　当社では古紙を集荷していますが、この度の古紙余剰は史上最悪になりそうです。なんと言っても一番の原因は、容器包装リサイクル法の施行と、各自治体で可燃不燃以外に資源ゴミの回収が始まったことでしょう。

　また特にダンボールおいては中国から青果物や家電、衣類を輸入する際の梱包材として一緒に付いてきて（ゴミも一緒に購入している）日本国内に落ち、余剰に拍車をかけています。ある方は日本国内のダンボール古紙に4～5％含まれているとおっしゃっていたくらいです。

　今までは、製紙メーカーが、製品の売りが鈍ると原料である古紙の買い付け量を圧縮します。当然古紙が余れば価格は下がり、古紙回収業者の回収意欲が落ち（竿、焼き芋、すいか等に流れる）またゴミ化が進み、古紙の収集量もだんだん落ちてきます。するとまた需要と供給のバランス関係で、古紙が不足し、価格が上がるのを長年繰り返してきました。

　ところが昨今上記の通りで、回収業者が収集しなくても自治体が資源ゴミとして回収するので、古紙の需要の伸びをはるかに上回る回収が進んでいます。これは古紙に限らず、瓶、ペットボトルも同様です。

私どもは在庫を処分するために、東南アジアに輸出しています（解決策ではない）。これからはリユースの推進（グリーンコンシューマーの育成）が急務かと思います。日本人の潔癖性が邪魔をし、白さへのこだわりがなくならない限り厳しいかと思っております。

　　　　　　　　（紺野道昭さん　㈱こんの　http://www.konno.gr.jp ）

✐　✐　✐

　長引く不況の為、建設市場の低迷で木材の需要が落ち込み、建材価格も下落をしています。
　廃木材をリサイクルして作るパーチクルボード（合材）も売り上げが落ち、原料になるチップ（廃木材を破砕して作る）は値下げ、又は有料化になっています。（有料化になってしまうと、廃棄物の扱いになるはずなんだけど……）。
　チップ（原料）を仕入れてパーチクルボードを作る工場は、原価の低減の為に仕入れ値を安くしています。
　しかし、リサイクル法で焼却処分ができなくなり、リサイクル施設には、廃木材がどんどん集まっています。その上、改正廃棄物法によって、持ち込まれた廃棄物は、リサイクル施設において木なら28日以内に製品にしなければならなくなり、売れないものをせっせと作らなければいけない状況になっています。

　引用を許可してくださった皆さま、どうもありがとうございます。
　主婦や学生さんに「環境を意識する時は？」と聞いたことがありますが、「ゴミの分別」と「レジ袋や紙袋」という声が多かったです。「レジ袋」には、マイバックを持つなりして断ろう、というだけではなく、そのレジ袋がどこから来ているのか、という面もあるのですね。もちろん、おおもとは産油国からなのでしょうけど。
　「循環型社会」と言ったときに多くの人が暗黙の前提とする「閉じられた経済社会」は、現実とは大きく異なるのだ、ということを再び感じました。以前、

「日本のパソコンの半分以上は台湾から輸入している。使い終わったときにどこに持っていくのか？　日本だけで閉じられない。国際的な循環が必要」という電機業界の方の声をご紹介しましたが、家電リサイクル法にしても、包装容器リサイクル法にしても、国内だけでは閉じられない現実の中で、循環をどう形作っていくべきなのか、特に製品（＝やがてはゴミ）が世界から流入する日本にとっては、大きな課題ではないかと思います。

　古紙業者の方が、白色度について触れていらっしゃいます。「白色度」というのは、「紙の白さ」のことです。たとえばコピー用紙。色は白ですが、「真っ白」や「柔らかい白」と、いくつかの白さがあります（天然パルプ100％のコピー用紙が白色度80％、はがきが白色度70％、新聞紙が白色度55％ぐらい）。

　以前、LCAの研究発表をいくつかご紹介した中に、これに関わるものがありました。白色度の異なる再生コピー用紙のLCAの結果、「白色度を57％から70％にすると環境負荷が大きく増加することがわかった」という研究結果で、「環境基本計画に基づいて策定された環境に配慮した製品ガイドラインでは、白色度を70％以下と定めている。白色度を60％以下とすることで、より効果的に環境改善ができる可能性を示唆している」と結論に書いてあります。

　今回出たグリーン購入法の基準を見ても、「白色度は70％」ですねぇ。技術的な問題なのか、コストの問題なのか（白色度を上げる方が薬品等が必要ですから環境負荷やコストは大きいと思うのですが）、消費者の好みの問題だけなのか、どうなのでしょうか。

　ローストビーフの話でも書きましたが、私たちが「当然」と思っていることが、とりわけ根拠もなく、「当然でなくてもよい」ということはけっこうあると思います。平安朝の美人の基準は現代とかなり違ったそうですが、「何が美人か」「どの白さがいいか」というのは、絶対的なものではないのでしょう。

　ドイツの再生トイレットペーパーは黒っぽいと聞きます。「再生だもの、そういうもんだ」と思えば、真っ白な日本の再生トイレットペーパーはさぞかし薬品やエネルギーを使っているのだろうなぁ、使途に色は関係ないのになぁ、どうせすぐに流しちゃうのになぁ……と思います。

日本でも、「紙は白い方がいい！」という"常識"を、シンポジウムや啓発事業で変えてきた運動があります。そのひとつがオフィス町内会と日本青年会議所の活動です。千葉商科大の三橋教授は「このような地道な活動が、今回のグリーン購入法の制定にもつながったと思う」と評価されています。

　グリーン購入法の基準に白色度が入ったのは大きな一歩です。私が政府なら、この基準を「年に1％ずつ」下げていきますねぇ。そして消費者をあれ？ とびっくりさせずに、白色度の"常識"を60％ぐらいに下げちゃいます(^^;)。グリーン購入法の基本方針（基準も含まれる）は毎年更新されるはずですから、白色度の行方も見守りたいと思っています。

　そして、建設廃材のリサイクルのこと。書いていただいたことも重要なポイントですし（特にリスクを負ってリサイクルに参入した企業にとっては死活問題です）、それ以外でもいろいろと気になっています。 以前、有害物質の「生物濃縮」ならぬ「リサイクル濃縮」のおそれがある、と書きました。

　「生物濃縮」とは、PCB （分解しにくい毒性物質）などが植物プランクトン、動物プランクトン、小さな魚、大型魚……と、食物連鎖を通じて濃縮されること。PCBには縁もゆかりもないエスキモーや北極クマに高濃度で見い出されていることはご存じでしょうか。

　同じように、いろいろな薬剤（防虫剤、防カビ材、その他）が使われている建設廃材を、これまでは燃やしていたけど、それをリサイクルして別の形で使うようになると、薬剤がどんどん濃縮され、蓄積されていく、ということはないのだろうか？ これは私の「妄想」かもしれませんが、建設廃材の「薬剤履歴」なんてわからないでしょう？ そのあたり、どのように法律で対処しているのか、私たちの身の回りの建設資材には、実際にどのような薬剤が使われていて、その危険性は……など、これから少し調べたいと思っています……と、書いたのでした。

　建設廃材のリサイクルは、今後もっとも切迫感をもって進められる分野のひとつだと思います。再生品の毒性検査や、もっと突き詰めれば、「廃材を燃やすのではなく、リサイクルすることを前提とした建設の仕方（建材の作り方やそ

の基準など）もいっしょに考えて進める必要があると思います。

　そして「消費者が見映えを気にするので、防かび処理をせざるを得ない」ということ。消費者に「本当に大切なのは何か、何を気にするべきなのか」をどうやって伝えたらよいのか……と思います。いま伝わっていないのだと思うからです。いまのしくみではゴミ処分場の延命はできるかもしれない。でも、毒が蓄積している可能性のある再生建材で建てた家に住みたいとは誰も思わないでしょう。

　何にしても（法律でも何でも）、最初から完璧なものはないと思います。状況が変わったり、科学技術の発展で、「要件」自体が変わりますから。同時に、「欠点があるから」と、全面否定するのでも進まないと思います。状況の変化を採り入れられるしくみを確保しつつ、現在考えられる最善のものにしていくこと、でしょう。

　法律などで言えば、「パブリックコメント」と言って、提案されている法律などに対して、意見を表明できる機会があります。環境関係でしたら、環境省のHPでいま何のパブコメ（略称 ^^;）を求めているか、わかります。

　http://www.env.go.jp/

　ご自分の関連している分野の法規制の「パブコメ」の機会があったら、企業人として、また国民として、発言しましょう。せっかく「パブコメ」というしくみがあっても、使わなければ宝の持ち腐れです（そして多くの場合、パブコメの数はとても少ないと聞きました）。アリバイ作りにパブコメを募集するのだろうという意地悪な見方もありますが、「声が上がらなければ異議なしと見なすしかない」というのも、その通りだと思います。

　しくみがないなら作る、しくみがあるならじょうずに使っていく。ヨイショ！と自分に声をかけてやらないとなかなかできないことだと思いますが、時々はヨイショ！とね。

それぞれの論理とギャップを埋めるために

No. 364 (2001.01.06)

グリーン購入法について、中小企業の声を代弁するメールが届いています。

　グリーン購入法については、思い切った法律だと感心しています。ただ、グリーン購入の品目一例に掲載されている製品以外のものは、なかなか受け入れてもらえないのも現状です。そして、何よりもこの法律によって苦しい思いをする方々がおられます。それは、大企業と取引している中小企業の皆さんです。
　『環境ビジネス研究セミナー』の参加者の中で、このような意見がありました。「環境に配慮するのは、地球に住んでいる人として当然のことです。しかし、企業人からすると非常に難しい。理由は、
　(1) グリーン購入だから高くても買うのは個人だけで、企業は安くなければならない（自治体は、予算が無いと言って特に値切られる）
　(2) 取引先企業（大手）からは、ISO14001を取らないと取引を拒否される
　(3) そのくせ、年に2回は値下げ交渉がある
　(4) つまり、環境に配慮していなければ、仕事にならないが、その為の設備投資やEMS（環境マネジメントシステム）の導入のために費用がかかるが、お金は貰えない……、つぶれてしまえと言う事でしょうか？」。
　本当に、その通りなんです。元建材メーカーの私の経験から言えば、こんな事がありました。ある住宅メーカーに建材を納入していたのですが、納入した商品のカット屑（大小さまざま）を持ち帰れと言うのです。「うちは、環境に配慮して産廃ゼロをめざします。運賃だけは持ちましょう！できなければ、他のメーカーに変えます」。
　え〜、産廃が出ていることに変わりないし、捨て賃は？？？「わかりました。やらせて頂きます」。……そして半年後……運賃分の商品値下げ要求がありました。結果、全ての負担がかかってきます、では、問題です。メー

カーは、赤字をどのように埋めるでしょうか？
　お分かりですよね。取引企業（原料・部品・運送・その他）に値下げ要求します。これって、環境が良くなっても人には、ぜんぜん優しくないんですよね！！そこで、やはり税制優遇処置やお金を安く借りられるしくみと環境ビジネスを広め易くするためのシステムを早急に整備する必要があります。

　このコメントには重要なポイントが二つ含まれていると思いました。ひとつは「大企業 vs 中小企業」という問題。これについて、このメールで書きます。もうひとつは、最後に書いてある「我慢のし合いや我慢の押し付け合いではなく、ちゃんとお金の面でも安心して環境への取り組みができるシステム」の必要性です。こちらについては、次号で書きます。
　グリーン購入法だけではなく、建設廃材や家電のリサイクル法にしても、「結局、中小企業や下請けにしわ寄せが来てしまう」というコメントをもらっています。「中小企業だけがしわ寄せを受けてすべてをかぶらなくてはならなくなる」ことは問題で、そういう責任転嫁を大企業や官庁・自治体がしないようにチェックする必要はあると思います。
　その一方で、大企業も自治体も変わざるをえない状況で、中小企業や下請けが「中小企業だから」と、前と同じやり方を続けられるということも現実的ではないとも思います。私は中小企業のお話を聞く機会も多いのですが、個別の事例を取り上げれば「これはあんまりよね……」ということもけっこうあります。「環境」という口実を水戸黄門の印籠のように使って、コスト切り下げを押しつけようとする"道に外れた"大企業の例も聞いています。
　そういうことは許せない！と思いますし、コメントに描かれた建材メーカーの事例も詳しい状況を知らないので、許せない事例のひとつなのかもしれません。でも、敢えてここでは、ちょっと別の見方をしてみたいと思います。
　本題に入ってすぐに話が変わりますが(^^;)、心理検査法を見たことがあるでしょうか？　ロールシャッハ（インクをたらしたシミが何に見えるかを言う）がい

ちばん有名かな。私は修士論文でTAT（絵画統覚検査法）を使いましたが、ご存知ですか？ 絵を見て、自分で話を作るものです。よく知られているのは、机の上に置かれたバイオリンを少年が見ている絵です。

　無意識レベルが出るロールシャッハに比べて、絵を見て話すというのは意識レベルに近いですから、好きなように作っちゃえるのでは？ とお思いになるでしょう。でも、私も自分で受けた経験があるのでわかりますが、実際に絵に向かうと、自分の腑に落ちるのは「このストーリーしかない」という物語があるんですね。

　数百人にこのTATを受けてもらいましたが、同じ絵を見ても、ひとつとして同じストーリーは出てきません。本当に不思議だし、感動すら覚えます。同じ絵を見ても、人によって見えるものが違うのですね。同じ状況に接しても、人によってそこに見るものは違うのだと思います。ましてや「発注者」「供給者」というように立場が違えば、おそらくかなり違うものを同じ場面に見ているのではないかと思います。

　（心理検査と同じく）どちらが正しいとか、どちらがズレているとかいうものではありません。その人にとって見えるものがその人の現実ですから。ただ、相手は、自分の"現実"とは違う"現実"を見ている、ということは理解できるでしょうし、相手の"現実"を知ろうという努力もできるでしょう。というか、私たちは日々そういう努力で相手との意識や理解のギャップを埋めつつ暮らしているのですよね。

　いただいたコメントの事例がとてもわかりやすいので、ひとつの例に使わせていただきます。先ほどの納入業者の"現実"に対して、もしかしたら（まったく想像上の話で、この実際の事例との関連はありません）住宅メーカーはこういう"現実"かもしれない。

　「建築廃材のリサイクルも進めなくてはならず、住宅メーカーとして、環境関連に何千万か何億の投資をしている。大手としてすぐにお金にならない環境技術の研究開発も進めなくてはならない。しかし会社を潰すわけにはいかない。現場でできることとして、廃材の現場分別の徹底を進め、自社の屑は自社で回

収し、リサイクルするしくみを作った。業者に対しては、それぞれの関わりの範囲において努力をしてもらうことにした。これまでダンボールで納入していた業者には、ダンボールの引き取りとパレットへの移行を要請した。

　建材業者にはこれまでウチで処分していたが、カット屑の引き取りをお願いする。ただ、建材業者も規模が小さく、すぐに「丸ごと引き受けろ」では苦しいだろうから、少しの間は、うちで運賃は持ってあげよう。しかし、その猶予期間に、ちゃんと屑の処理の仕方を考え、コストの内部化をしてもらわないと困る。あとは、それがきちんとできる業者と付き合うようにする。でないと、こちらが倒れてしまう」。

　どう思われるでしょうか。

　私が思うのは、「環境コミュニケーション」の大切さです。もしこの住宅メーカーが、業界を取り巻く状況と自社がやっていること、やらなくてはならないことをきちんと説明し、その中で、それぞれの取引業者に「何を、どのようなスケジュールで要請するのか」をはじめに伝えておけば、業者も「何度も不意打ち」を食らわなくて済んだでしょう。もう少し長期的に対策を考えられたでしょう。

　一方的に通告するのではなく、コミュニケーションとして相手の言い分や状況も聞き、できる手助けや調整はして、「いっしょにやっていこう」ということが伝われば、業者も「では、自分たちでできることは？」と、進んで考えるでしょう。

　話が飛びますが、欧州で環境税の導入がうまくいっているのも、このような「これからどのくらい先に、何が起こり、どのような過程で、何年後に最終的にどうなるか」がきちんと最初に出されているからだと思います。環境税がいつ、どの品目にどのくらいかかるか、その相殺として何があるのか（所得税減税など）、税率はどう上がっていくのか。

　かなり猶予期間が置かれているので、どの企業もそのシナリオに沿って、自社の経営を変革して対応できる体質に変えていきます。いきなり環境税を導入し、いきなり税率を上げたり、品目を増やしたりするのでは、「環境税は経済を

損なう」という反対論者を支援することになってしまいます。

　それから、「環境に配慮していなければ、仕事にならないが、その為の設備投資やEMS（環境マネジメントシステム）の導入のために費用がかかるが、お金は貰えない」という点は、大企業でも同じです。将来への投資、あるいはサバイバルのために、どの大企業もお金は貰えず費用がかかるだけだけど、取り組んでいるのです。中小企業だって、やっているところもたくさんあります。

　ただ、環境マネジメントシステム＝ISO14001となると、確かにお金がかかります。中小企業には不要なお金と手間であることも多いように思います。ちょっとそこの郵便局にいくなら、キャディラックじゃなくて、自転車やスクーターの方が身軽でコストもかからないように、中小企業が大企業と同じような環境マネジメントシステムを構築する必要はないと私は思っています（ISO14001畑からは営業妨害するな、と言われそうですが ^^;)。

　ISO（国際標準化機構）でもそういう認識で、中小企業向けのISO14001の標準化を考えていたはずですが、どうなっているのかな？少なくとも日本の中小企業なら、環境庁の作った環境活動評価プログラム（エコアクション21）をちゃんとやって、行動計画を作成し、実行し、その進捗をチェックして改善をはかるというPDCA（計画、実行、チェック、改善）を継続するしくみさえ作っておけば、大企業も文句は言わないはずです。認証はなくても、これはこれで立派な環境マネジメントシステムですから。

　あちこちの業界会議に出て思うことは、「どこもビジネスをできるだけシンプルに、身軽にしようとしている」ことです。製造業で言えば、これまで製品によって数百種類使っていたプラスチックを数種類に絞っていく。リサイクルもしやすくなるし、発注量がまとまるのでコストダウンにもつながる。その反面、「使われなくなったプラスチック」を納入していた業者は、商売を失うことになります。

　これまで各部署でバラバラに発注していた文具やオフィス用品も、会社でまとめて発注するようになる。イントラネットが発達してこれが可能になっています。これも取引業者から見ると、「選別」の時代、ということです。

環境という側面での「選別」には、二つの尺度が使われています。ひとつの尺度は、製品（部材など）そのものの環境負荷です。どのようなところをチェックされるかは、何社かのグリーン調達基準書をご覧になるとわかります。松下、キヤノン、シャープなど、インターネットでも見られます。

　もうひとつは、その取引企業に環境マネジメントシステムがあるかどうか。このとき「ISO14001でなければならない！」という大企業は少数派で、いくつもの企業が「ISO14001または環境活動評価プログラム」としています。何社か大企業の人に聞いたことがありますが、「認証の有無ではなく、その中身を見る」ということなので、中小企業もお金をかけなくても「ふるい落とされない」環境マネジメントシステムが構築できます。

　去年、富山県の企業数十社と環境活動評価プログラム（エコアクション）をやってみました。今年はさらに多くの企業と実際にエコアクションをやりながら、エコアクションのフォーマットをもう少し使いやすく、と思っています。今年の私の取り組みのひとつです。

　余談ですが、修士論文では、絵を見て「過去・現在・未来」のお話を作ってください、と指示して、展開するストーリーの時間軸と神経症傾向との関連を見ました。いくら「未来も」と言っても、その絵の現在から一歩も話が進められない人もいます。神経症傾向の強いグループは、「現状に立ちすくむ」、または「道筋も手段もなく、いきなりパーフェクトな将来の姿に話が飛んでしまう」パターンが多かったです。

　このTATは、個人に実施するものですが、企業でも業界でも、自治体でもどのような組織でも、「どこまで未来を見越して現在を考えているか」はかなり差があるなぁ、と感じています。

　その差を作り出しているのはおそらく、大企業か中小かという規模の差ではなく、トップがどこまで先を見ているか、とそのリーダーシップが大きいと思います。同時に、組織の各個人がそれぞれ遠くまで見るようにすれば、「集合無意識」という言葉もありますように、組織の先見性も高まっていくのかもしれませんね。

そして先見性なく書くと、このように長いニュースになってしまいます(^^;)。

「徳か得か」から「徳は得」へ
No. 365 (2001.01.08)

前号で"後送り"しました「我慢のし合いや我慢の押し付け合いではなく、ちゃんとお金の面でも安心して環境への取り組みができるシステム」の必要性に関して、いくつか書きたいと思います。

「環境に優しい製品・サービスは高い」ということは、ほぼ"常識"のように考えられており、これがために「環境」と聞いただけで顔をしかめる企業人も多いとか。「環境へ配慮することは経済発展の足を引っ張る」という意見もここから出ているのでしょう。

ちょっと目をつぶって、まったく逆の世界を考えてみてください。スーパーのトイレットペーパーの棚。バージン100%のふわふわペーパーは12ロールで248円。再生原料100%のグリーンなトイレットペーパーは12ロールで198円です。野菜売り場で、パックに入ったトマトは5個で298円ですが、隣にある段ボールから新聞紙の袋に自分で買いたいだけ詰める完熟トマトなら5個で180円。

バージン原料や化石燃料を使っている製品の方が、再生原料や再生可能エネルギーを使った製品よりずっと高いって世界になれば、今のグリーンコンシューマーのように「高いけど、良いことだから」と「徳」を「得」に優先させて頑張らなくても、「徳」＝「得」だから、誰もが喜んで、頑張る必要なくグリーンコンシューマーになりますよね。

自明のことですが、「環境配慮製品」は「ただの製品」に比べて、「環境に配慮する」追加（技術、設備、手間など）がありますから、当然高くなります。製品が市場に投入されたあと、環境技術や設備投資などの当初の投資は、売れる数が増えれば吸収でき、コスト高の分は減ってきます。でも「最初は高い」のです。東大の山本先生は、グリーン購入する自治体や企業は、「ここしばらくは、歯を食いしばって買わなくてはならない」とおっしゃいます。

先ほどの「想像上の世界」とのギャップを埋めるには、二つの方法があります。ひとつは、「環境に配慮していない製品」の価格にゲタをはかせて高くする方法です。結果的に「環境配慮型製品」が安くなる。少なくとも対等に競合できるようになります。
　代表的な、そしてたぶんいちばん効果的でわかりやすい「ゲタ」が環境税や課徴金です。バージン原料や化石燃料、有害廃棄物や二酸化炭素の排出など、抑制したいものに対して課税、または課徴金を課します。
　もうひとつの方法は、「環境配慮型製品」のコスト高の分を製品以外のところで吸収することです。こちらの例として、「リサイクル・プロデュース」を事業内容のひとつとしているテムスという企業が「広告費」で「環境配慮型製品」の高コスト吸収して、その普及を促そうという興味深い取り組みを始めています。(http://www.temusu.com)
　広告費というのは、なかなか良い所に目を付けたなぁ〜と思います。ワールドウォッチ研究所の「地球データブック」によると、商業広告の歴史は少なくとも2000年前の中国に遡るとか。しかし、広告支出額やその影響が増大してきたのは20世紀半ば以降です。
　1950年以来、広告支出額は世界経済成長率を約30％上回る増加率を示し、9倍にふくれあがっています。1998年の世界の広告支出は空前の4130億ドル。世界の経済生産高の1％を越えています。この資金を"ちょっとばっかし"テムスのシステムに回せたら、かなりの効果がありそうですね。
　「地球データブック」によると、「今日、平均的な米国の成人は、毎日254件の広告にさらされている」そうです。広告費で環境配慮型製品のコストの「ゲタを脱がす」(？) だけではなく、意識啓発にも大きく役立ちそうです。この取り組みに注目したいと思います。
　それから、一般の消費者向けに「環境配慮型製品」を買いやすくする取り組みもいろいろとあります。「環境にいいから」だけではなく、「買ったらおトク」というしくみがたくさんできればいいなぁ、と思います。たとえば、西友の「エコニコ・ポイントアップ」は、環境配慮型のプライベートブランド「環境優

選」商品を購入したレシートを台紙に貼り、100円＝1ポイントとして、「環境優選」商品などと交換できる、というキャンペーンみたいに。

　もうひとつは、まだコンセプトの段階のようですが、グリーンコンシューマーを誰かが誉めてあげなくてはいけない！　という発想で提案されている「グリーン（環境）マイレッジ」です。構想日本の提案する政策メニュー「地域環境プラン」に出ています。(http://www.kosonippon.gr.jp/top.html)

　グリーン商品の購入やグリーンファンド（手数料の数％を経済のグリーン化に役立つ団体への寄付に回すグリーンカード）の利用に対し、「環境マイレッジポイント」をもらい、それを貯めて、環境配慮型商品をもらおう！　というものです。マイレッジ景品のカタログは、グリーン商品の宣伝の場としても利用でき、マイレッジ景品に地域の農産物や農場体験ツアーなどを含めることで、地域の宣伝や活性化にもつなげられる、という提案はとてもいいなぁ、と思います。

　「本当はお得な方がいいんだけど、でも、環境のことを考えるとなぁ……」という心理的葛藤を個人や企業が乗り越えるのを叱咤激励したり、自分の弱さ？に落ち込んだりするより、「環境にいいことをするとお得だし、一石二鳥だよね」というシステムをたくさん作っていく方が、ずっと楽しいし、ポジティブなエネルギーをたくさん活かせると思います。

　そんな取り組み、たくさんご紹介していきたい、と思っています。自薦他薦問わず、実際の取り組みをご存じでしたら、ぜひ教えてくださいな。

清貧の思想～幸せの脱物質化～たのしい不便
No. 285 (2000.10.09)

　何年も前にベストセラーになった『清貧の思想』（中野孝次著）を、最近大変面白く読みました。まえがきの
　「いま地球の環境保護とかエコロジーとか、シンプル・ライフということがしきりに言われだしているが、そんなことはわれわれの文化の伝統から言えば当

たり前の、あまりに当然すぎて言うまでもない自明の理であった。(中略)。大量生産＝大量消費社会の出現や、資源の浪費は、別の文明の原理がもたらした結果だ。その文明によって現在の地球破壊が起こったのなら、それに対する新しいあるべき文明社会の原理は、われわれの祖先の作り上げたこの文化——清貧の思想——の中から生まれるだろう、という思いさえ、私にはあった」という文章に、「清貧」(何という英語にするのでしょう!?) と「もったいない」、そしてフューチャー500会長の木内孝氏が力を入れていらっしゃる「倹約」にもつながるであろう"ポジティブな (前向きの)"メッセージを感じました。

「所有を必要最小限にすることが精神の活動を自由にする。所有に心を奪われていては、人間的な心の動きが阻害される」という下りに、「清貧の思想とは、自我の狭小な壁に閉じこめられないための工夫であり、宇宙の生命に参じるための積極的な原理である」という著者の熱い思いもよくわかりました。また「精神の脱物質化」ね、と思いました。

先週末、パネルディスカッションでごいっしょさせていただいた太平洋セメントの谷口専務は「単に、石灰石など天然の原料と石炭など化石燃料でセメントをつくって売るのではなく、他の産業や自治体から排出される廃棄物をセメントをつくるプロセスを利用してマネージメントすることを事業とし、その結果として、セメントができるからセメントも売る」という商売の脱物質化(＝サービス化)をめざして、ゼロエミッション事業を拡大していらっしゃいます。

商売の脱物質化(＝サービス化)は、世界の先進企業でも進んでいます。「カーペットを売るのではなく、カーペットの提供するサービスを売るのだ」と販売からリースにビジネスモデルを転換し(ついでに巨額の原料コストを削減している)、アメリカの世界最大の商用カーペット会社、インターフェイス社。「これからますます厳しくなる環境の時代に生き残るためであって、別に地球のためにしているわけではありませんよ」と、洗濯機のリース(洗濯1000回分という洗濯機の提供するサービスを売る)の実験を始めているエレクトロラックス社。

「これまで"イコール"で相関すると考えられていた"幸せ"と"物質的所有"

を切り離すこと」と書いたことがありますが、「幸せの脱物質化」「精神の脱物質化」も進めなくちゃ、ですよね。

『清貧の思想』には、私の研究テーマである〈足るを知る〉〈もったいない〉も取り上げられています。たとえば、『往生要集』には、「足ることを知らば貧といえども富と名づくべし、財ありとも欲多ければこれを貧と名づく」と書いてある、と紹介されています。

昔は関東の農村には「ものころし」という言葉があったそうです。たとえば、畑の作物を都合で完熟させないうちに廃棄せざるをえないとき、「あったらものごろしだなあ」というように使ったそうです。「こういう言葉を作り出したのは、農民がその作るものを、コメでも野菜でも何でも、単なる市場価値においてではなく、生命あるひとつの命と感じていたからです」と著者は書いています。

将来の農業の図として、「ダイオキシンも環境ホルモンも心配ないよう、まったく土も使わず、工場製品のように生産される作物」というイメージ画を見たことがありますが、そのような世界では、作物は命とは見てもらえないのでしょうね。

ところで、「あったらものごろしだなあ」ということば、数ヶ月前でしたら「あったら」って何だろう？ と思ったと思いますが、最近の富山弁の勉強の成果で、これは「可惜物」（あたらもの）から来た「惜しい」「もったいない」という言葉だということがわかっております(^^;)。いろいろとつながってくるので面白いですね。

『清貧の思想』でもうひとつ目を開かされたのは、「消費者」という、あまりにも馴染んでしまっている言葉についてでした。「……そしてわれわれはただの人間ではなく、消費者という名で呼ばれるようになってきました。いつからこんな妙な言葉が使われ出したのか記憶は不確かですが、消費者というこの人間侮蔑的な言葉が1965年頃から、すなわち経済成長を一国の最大の目標としだしたころからの、われわれの状態を正しく言い当てているようです」。

考えてみれば、「消費者」って本当にスゴイ呼び方ですね。企業がそう言っているのはともかく、私たちも「消費者」という名と見方と役割に、あまり疑問

も感じずにきているような気します。消費するっていうのは、私たちのひとつの側面に過ぎないはずなのですが。これからこの言葉にちょっと気をつけようっと。

『清貧の思想』の最後の方に、こう書いてあります。「本当ならば物が溢れている、何でも買うことができる、便利で快適になったというのは、生活を豊かに幸福にしてくれるはずではなかったでしょうか。なのに実状は、われわれはその中にいて幸福と感じることができず、むしろ人間性が物の過剰の中で窒息させられているように感じている。どうしてこんな結果になったのか。物質的繁栄がわれわれに真の幸福をもたらさなかったとしたら、それはその盲目的追求そのものの中にどこか間違ったところがあったと考えるしかないでしょう」。

これに対して（というわけでもないでしょうが^^;)、「現代を生きる我々が消費している『モノ』（情報や快楽、便利さという名の商品も含めて）のうち、その多くは、実は人が幸福になるために必要なのではなく、単に我々が中毒症状を起こしているに過ぎないのではないか」という仮説を立て、中毒物ではないかと思う「モノ」や「便利さ」を実際に自分の生活から排除してみて、反応を探ってみよう、という"実験"を体当たりで行った人がいます。

「体重は減り、お金は残った」という、魅力的な帯のついた『たのしい不便』（福岡賢正著、南方新社）でその面白くも切実な実体験の様子が読めます。

これは面白いですよぉ。体験のあとの11人との対談にもうなってしまいます。NHKの『地球白書』制作のために環境関係の本を何百冊も読みまくったディレクターから「ぜったいお薦め」と薦められ、本当に面白くてあっという間に読んでしまいました。秋の夜長にぜひどうぞ。

幸せ微分説と、プロシューマー

No. 287 (2000.10.10)

[No.285] に対して、フィードバックをいただきました。

この土曜日に蓼科山に登ってきました。絶好の天候に恵まれ、素晴らしい一日でした。一緒に行った大学時代の仲間とは、「幸せ微分説」の話をよくします。いくら豊かになってもその状態で幸せを感じるのではなく、"より"豊かになった瞬間（即ち微分がプラスの時）のみ幸せを感じるよねと。
　硬い言い方で申し訳ないのですが、技術者の我々はそんな言い方で、どうすれば幸せに人生を送れるか語っています。積分で豊かさがいくら増えても幸せにはならず、持てば持つほどに失う機会が増え、微分がマイナスになって不幸を感じがちになります。現代のあまりに満ち足りた時代は、不幸な時代なのかも知れませんね。おにぎりをいくつか持って山に登るだけでも幸せを感じることができるのですから、何が本当に幸せかをもっと考えるといいんでしょうね。
　　　　　　　　　　　　　　　　　　　　　　　　　　（服部和隆）

　「幸せ微分説」って、面白いですね！「絶対値」ではなくて、「昨日より、さっきより、どれだけ増えたか」という差分に幸せを感じるということ、うなずける気がします。話が飛びますが、「風」も同じだなぁ、と。空気はずーっとそこにあるのだけど、その空気が動いてはじめて、風として感じられるのですものね。
　「幸せ微分説」って、子育てにも当てはまるのかも知れないなぁ、と思いました。子どもって小さいときはどんどん成長しますよね。「這えば立て、立てば歩めの親心」にちゃんと応えて、一歩歩いた、今日は三歩歩いた、あ〜と喋った、今日はああ〜と言ったと、親も毎日「差分」を感じて、幸せな毎日が続きます。でもそのうち、そうそうは「差分」が感じられなくなります。当たり前ですよね、ずっと赤ちゃんの勢いで成長してくれたら、家に入れなくなります(^^;)。
　……というようなことをつらつらと考えていたら、これもご紹介した『たのしい不便』の最後に、著者と見田宗介さんの対談にも似た話が出てきました。社会について、ですが。
　見田氏曰く、「子どもというのは当然成長しなきゃいけない。だけど、成長した後もずっと成長が止まらないというのは異常だし、まして成長し続けないと

死んじゃうっていうのは、これはもう非常に危険な兆候ですよね。今の社会は、まさにそうなっていると思うんです。成長しきっちゃったのに、まだ成長し続けようとしているし、経済は成長し続けないと困るしくみになっている。肉体的には男なら大体25歳、女は19歳くらいで成長しきるわけですよね。その後でいくらでも成長していいのは、やはり知性とか感受性とか、そういう次元でしょ。

それを社会に置き換えても、基本的に同じことが言えると思うんですよ。フィジカルという言葉には身体的という意味と同時に物質的という意味がありますが、物質的に成長し尽くした後で、成長することが意味があり、有害でないのは、やはり知性や感性、魂の深さという次元だと思う。(中略)。やはり成長の後の成長の中で意義があるのは、見えないものとか、測れないものだと思うんです」。

そして[No.285]に書いた「幸せの脱物質化」と同じことを述べられています。「人間の幸福というものが何から得られるかということを計算できると仮定すると、原始時代などの資源経済の中では、商品経済なんて全くなくても100%自然とか他の人間との付き合いとかで幸福を得ていたわけですね。

それがだんだん時代が上ってくると、よその共同体が作るものと交換するということで10%くらいは商品に依存するようになってくる。それからだんだん商品に依存する部分が多くなって、商品中毒になっちゃうわけですね。現代人は90%くらいが商品に依存する幸福しか考えられなくなってきていて、そうじゃないものは10%くらいになっているわけでしょ。

それを原始時代に戻せということは言えないけれど、6対4くらいにする。60%くらいは商品に依存しないところから幸福を得よう、で40%を商品に依存しようというくらいにまですることは、割と現実的に考えられると思うんですね」。

もうひとつ、『清貧の思想』に出てきた「消費者」という言葉の論議にもつながる指摘も見つけました。アルビン・トフラーが『第三の波』で「プロシューマー」という造語を使っている、と。これは、生産者「プロデューサー」と、

消費者「コンシューマー」を合わせた言葉です。DIYや家庭農園など、「何も人に作ってもらったモノを消費するだけの消費者でありつづける必要はない」という人が増えてきている、ということです。トフラーはここで「情報」の果たす大きな役割について指摘していますが、同じことが「IT革命」のおかげで情報の担い手についても言えるように思います。

　これまでは、情報の送り手 sender と受け手 receiver が分離固定した役割でしたが、インターネットやメルマガの活用で、これまで「受け手」だった普通の人が簡単に送り手になることができます。私もそのひとりですが。senceiver (sender + receiver)という言葉、造っちゃおうかな(^^;)。

『まぐまぐ』で案内が送られてくる膨大なメルマガの数を見ていても、これまでになかった senceiver のパワーと潜在力に圧倒される気がしますよね。そして私のニュースもそうですが、読み手がフィードバックを送って、今度は作り手の一部になる……という相乗的な勢いが面白いなぁ〜、これは大きなうねりに力を送れるのではないかなぁ、と思います。

　IT革命の本当の力って、ペーパーレス云々より、そういう社会や人と人との関係を変えちゃうことじゃないかと思うのです。

「生活の質」と「幸せや満足」について

No. 325 (2000.11.29)

　以前、「経済も社会も市民も、エネルギーの消費量を最小限に抑える生活を(生活の質を落とさずに) しているのがひとつの理想像」と書いたところ、「限界を迎える地球で、生活のレベルを落とさないで本当に解決するのだろうか」というコメントをいただきました。そうですね、これは私の書き方が十分でなく、誤解を招いてしまいました。「満足や幸せを減らすことなく」というつもりで書きました。

　私の生涯テーマ(^^;)「足るを知る」につながりますが、「物質的な所有量と幸せは正比例しない」と思います。今は、幸せや満足に結びつかない快適さや便

利さがたくさんあると思うのです。それを削ることは、エネルギーや資源消費量を減らしますが、幸せや満足は損なわない（かえって増すことも）、と思います。

　考えてみれば、「生活の質」って曖昧なことばですね。やっぱり物質的な尺度になってしまうのかな？ということで書き直しますと、「経済も社会も市民も、エネルギーの消費量を最小限に抑える生活を（幸せや満足は増えることはあっても損なわれずに）しているのがひとつの理想像」。これならどうでしょうか？関連した話をふたつご紹介したいと思います。

　最初の話は、先日参加したナチュラル・ステップの講座で、創始者のロベールさんに教えていただきました（彼のことば通りではありませんが）。いまの経済は、GNPやGDPでその規模や成長度合いを測るしくみになっています。でも、GNPが生まれた背景を知っていますか？

　第二次大戦中、英国がヒトラーと戦うためのタンクなどを作るやる気を国民から引き出そうと、そのモチベーションのために作ったものなのです。つまり、「人々の幸せ」などはまったく考慮に入れずに作られた、幸せや満足を測るというのとはまったく異なる目的のために作られたものです。

　GNPは、人間の幸福に役立つ・役立たないにかかわらず、あらゆる経済活動（モノの生産や流通）を合計するものです。たとえば、煤煙からぜん息にかかった人の医療費や凶悪事件に投入される警官の超過手当なども"国の経済成長"の一端として合計されます。

　では、GNPと人々の幸せとの関連は？と思っても、なかなか測りにくいのですが、米国のハーマン・デイリーという学者がある研究をしました。デイリーは、まったく"生活の質"に貢献しないものを、GNPから引き算し、Index for Sustainable Economic Welfare（ISEW：持続可能な経済福祉指標、でしょうか？）という指標を作りました。何を引いたか？ 犯罪、麻薬、交通事故、失業、離婚、アレルギー、環境破壊への対応などです。

　ハーマン・デイリーは、アメリカを例に、ISEWをGNPと並べて見ました。1960年頃まではGNPと"幸福指標"は並んで増えていきましたが、その後は

GNPは増大しているのに、"幸福指標"は減少の一途だということがわかりました。つまり、モノの生産や流通を測るGNPは、人間の幸福を測ってはいないということが示されたのです。日本でも同じ傾向なのではないか、と思いますが、どうでしょう？

　先日、長野の曹洞宗布教師会の勉強会に招かれて、環境問題の話をしました。講演翌日、福泉寺の住職、宮入宗乗さんとお喋りしていたときに、こんなお話をしてくださいました。「法事などの時は、このときは特別、とばかり、いつも食べきれないほどのご馳走が出ます。食べきれないことがわかっていても、たくさん用意されるのですね。いつもこれがもったいない、と思っていました。お檀家にはそのような思いをことある毎に伝えていました。

　先日、あるお檀家で法事があったとき、私がいつも申し上げていることをわかって下さって、『住職さんがおっしゃるようにしましょう』と、集まった方々にちょうどよい量のご馳走を用意されました。勇気のいる行動だったと思います。これまでのしきたりと違うことをなさったわけですから。

　いつもはたくさんの食べ残しが出て、もったいない、と思いつつ、食べ切れません。でもこのときは、どのお皿も空っぽになりました。皆さんのお皿もそうです。全部いただいた空っぽのお皿を見て、本当にすがすがしい思いがしました。

　小さなことです。それに、これがきっかけに、このような『食べられるだけ用意する』お檀家さんが増えたわけでもありません。相変わらず、食べきれない量のご馳走をお出しになり、たくさんの食べ残しが出つづけています。でも、きっと少しずつでも……と思って、自分の思いを伝え続けています」。

　地道な活動をなさっていることにも感銘を受けたのですが、今日の話との関連で言うと、「消費量は、幸せや満足のレベルとイコールではない」（逆に、浪費や要らない快適さ・便利さを削ること〔消費量削減〕が幸せや満足アップにつながる）ひとつの例ではないかな、と思いました。

　ついでの話ですが、この勉強会で、「いつもこのような勉強会を旅館で行うと、食事が出過ぎて食べきれないのです。そうしないようにとお願いしても、まず

聞いてくれません」というお話がでました。私は（また思いつきで^^;)、「エコ入札をなさってみたらどうでしょう？」と申し上げました。何十人とまとまって宿泊するお客さんは、宿にとっては重要なはずです。そして、いらないと言ってもたくさんのお料理を出すのは、

　(1)量でおもてなしすることがサービスだと信じている

　(2)一皿いくらで追加料金を計算するので、食べようが食べまいが、たくさん出したいから、でしょう？

　(1)に対しては、「そうではない」、(2)に対しては、量ではなく、満足の質に対して料金を払うことを明らかにして、エコ入札してもらうのです。「もったいないという思いは逆に満足度を下げること」「自分たちはどのようなサービス（内容やレベル、量）にもっとも満足するか」「料理の皿数に関わりなく料金を定めること」を伝えて、サービスの内容について、コンペしてもらうのはどうでしょう？

　旅館は新しい（そして21世紀に必須の）価値観やお客のニーズを学べるし、皆さんも精神衛生上悪いような宴会をせずに、本当に楽しみ満足できるのではないでしょうか、と申し上げました。どうでしょう？

「生活の質」と書くと、物質的な尺度がかかわってきそうで誤解のもとですが、「本当の豊かさ」というか「満足や幸せ」は損なうことなく、エネルギーや資源の消費量は減らせるし、減らさなくちゃいけない、と思っています。見たところの「生活レベル」は下がることもあるでしょう。

　自分の例ですが、海外出張用のスーツケースの取っ手、二つ付いているのですが、よく使う方が壊れてしまいました。お店に持っていって修理を頼もうと思ったのですが、新品を買った方が安いほどのお値段なので、そのまま持って帰ってきました。以前だったら、すぐに買い直したと思うのですよ。

　でも「これって、我慢できる不便じゃないかな」と思ったので、取っ手が壊れたまま使っています。持ち上げるようとするたびに（取っ手が壊れているので）「あれ？ ああ、そうだった」ともう一個の側面についている取っ手に手を伸ばすときと、空港から宅急便でスーツケースを送るときに「ここは最初から壊

れていることを確認してください」と毎回言われる(^^;)ことの他は、何も不便してません。

　私の「海外出張に関わる生活レベル」は、見たところ低下したのかもしれません。壊れた取っ手のスーツケースを哀れみの目？ で見る人もいるかも知れませんが、(年を取ったせいか？) 人の目を気にしない私はこれで十分満足です。こういう「生活レベルの低下」はどんどん進められそうな気がします。

　それから、別の話ですが、「環境って何だろう？」というコメントもいただきました。以前から何人かの方から同じような質問（地球を守るというのは人間の驕りではないか、など）をいただいていたので、ちょっと書きます。

　本当に地球を救うには、ダイオキシンや環境ホルモンが蔓延して、人間がいなくなることが一番だと言う人もいます。地球を守る、環境を保全する、と言いますが、すべて「この地球に人間を居つづけさせてもらうため」だと思います。生物多様性や生態系の保護も、本当に人間以外の命を尊重したい、大切にしたい、という思いの人はごく少数で、大多数は「人間のために必要だから」ということのようです。

　もし地球を見ている神様？ のような存在がいるとしたら、「おやおや。恐竜でうまくいかなかったので、今度の種（＝人間）には、知能を与えたのだが。やっぱり駄目じゃったか。何が足りなかったかのう……？」てな感じじゃないかな、なんて思います。

　何とか瀬戸際で「駄目」にしないため、これまで足りなかったモノを一生懸命創り出そう！ 間に合うあいだに！ という活動や取り組みが広がっているのが今日の状況ではないか、と。

年のはじめに

No. 362 (2001.01.03)

新しい年が始まりました。今年もよろしくお願いいたします。

文章を書くのは、何よりもまず、自分のためです。
　　心の中で考えていることを書きことばにして、
　　いったん外に出してみると、頭の中がすっきりとします。
　　文章を最初に読む人は、文章を書いたあなたです。
　　自分のことを知るために文章を書くのです。
　　それだけではありません。
　　文章を書くことにより、
　　あなたのことをまわりの人にいっそうわかってもらえるのです。
　　文章を書いたあなたと
　　文章を読んだ人との輪が広がっていくことでしょう。

　このメッセージは、三田小学校の山木校長先生が、1年ちょっと前に小学校の文集に寄せてお書きになったものです。メールニュースを始めた頃にたまたま目にして、「あら～、私のこと？」と(^^;)。「考えてから書く」人が多いのでしょうけど、私は「書きながら考える」タイプのようなのです。そして、いま読み返すと、そのときはわかっていなかった最後の文も「本当に！」と思います。
　『文藝春秋』が「環境破壊」常識のウソ、というタイトルの下に載せた1.「遺伝子組み換え食品」は怖くない、2.「家電リサイクル」百害あって一利なし、3.「太陽光発電」この壮大な無駄遣い、4.「干潟のムツゴロウ」は生きている、という4本の記事をどう思いますか？　というメールをもらいました。それぞれの記事について、書きたいことがありますが、全体を読み終えてまず頭に浮かんだのは、「合成の誤謬(ごびゅう)」という言葉でした。
　私はこの言葉を、以前にご紹介した「北の屋台」の坂本和昭さんから教えてもらいました。以下に少し引用させてもらいます。
　http://www.kitanoyatai.com/isinimanabu.htm

　　最近とても気になっている言葉に「合成の誤謬(ごびゅう)」というのがあります。これはミクロレベルでの合理的な判断が、マクロレベルでは不合理を生み

出すという意味に使われています。

　「まちづくり」を例にとると、ある地域において、消費者が商品を安く、かつ便利に買いたいと思い、郊外の中央資本の大型ショッピングセンター（SC）に車に乗って買い物に行くという行為は、それ自体は合理的な判断に基づく行動だと言えるでしょう。個人レベルとしてはごく当たり前の選択です。

　しかし、地域住民の多くがその選択をしたときは結果として、中央資本の大型SCが地元の商店街を駆逐し、地元の商店街は消滅してしまうことになります。これには、ある種の市場原理が働いていると言えなくもありませんが、その結果がそこの地域全体の利益を幸せにしているとは限らないのではないでしょうか。

　消費者個人は1円でも安く商品が購入できればそれで良しと考えます。そのこと自体は間違ってはいません。しかし、多少高かったとしても地元資本の店舗で購入すれば利益はその地域に循環します。利益が他に逃げる事無く、順にその地域全体を巡ることになれば、やがては消費者の元にも還元されることになります。

　一方、中央資本の大型店で消費した利益は、ほとんど総てが一旦中央に集められ一部分が地域に再分配されるのみです。これではその地域は富の蓄積ができず、いつまでたっても豊かにはなれません。地域を豊かにするには、地域全体の利益のことを考えた消費行動が必要と考えます。

　合成の誤謬とは、「個々人や個別では合理的な行動であっても、全体としては不都合な結果となる」ことで、経済学でよく使われる用語のようです。商店街に関連させたこの使い方は、矢作弘氏の『都市はよみがえるか～地域商業とまちづくり～』（岩波書店）から引用されたとのこと。

　去年、いろいろな情報や意見にふれる中で、「点描画のようなものだなぁ」と思うことが時々ありました。ひとつひとつの点がどんなに完璧に美しく描かれていたとしても、その点の集まりである絵が完璧で美しいとは限らない、とい

うことです。

　その当事者（研究者にせよ、活動している人々にせよ）にとっては、「これがいちばん大切」だと（本当にそうなのですが）取り組んでいることが、全体の中ではどうなのだろう？　ということもあります。でも難しいのは、誰も「全体像」や「絵の完成図」をわかっているわけでもなく、「全体を俯瞰して」というのは易しいですが、実際に俯瞰するためのツールや方法論があるわけでもない、ということです。

　ただ、やはり昨年の経験から思うのは、それぞれの分野や課題に取り組んでいるにしても、「そのことしか視野に入っていない」のと、「まわりも見えている・見ようとしている」のではやっぱり違うだろう、ということです。

　私は通訳という仕事を通じて、そうでなければ出会わないような分野や人々、考え方をたくさん"疑似体験"させてもらっています。ジグソーパズルの様々なピースを渡り歩いているような気がします。せめてその"役得"を活かして、「あっちではこんな動きがありますよ」「こっちではこう考えていますよ」とつないでいければ、と思います。

「完成図」がなくてもジグソーパズルのピースを組み合わせていくことはできます。たぶんコツは、

　○一つより二つ、二つより三つ、と小さな集まりでもつなげられるところをつないで形にしていくこと

　○周辺グルリがはめやすいように、絶対的な枠組み（地球の有限性）は押さえること

　○常に（わからないながらも）完成図を想像しながら、進めること

でしょうか。

　今年は、一人ひとりの思いや努力を無に（または逆効果に）しないように、つまり、合成の誤謬に陥らないでどうやって進められるのか、全体像を俯瞰し、構築し、提示するツールや方法論に注目して、出会う情報について考えていきたい、と思っています。どうぞ、いろいろと教えてください。

　もうひとつ、今年進めたいのは、環境心理学？　です。環境問題が技術だけで

は解決されないことが明らかになった今、人間そのものを対象として何世紀も知識と洞察を重ねてきた心理学が貢献すべきだと信じています。

社会人になると誰も「次の学習内容」を用意してくれませんが(^^;)、新年は、私にとって自分の中で一区切りをつけて、これから重点的にやりたいことを考えるよい機会です。

どうぞ今年も、いろいろな情報やフィードバックをいただけますように。いただいたインプットが思考を刺激し、考えるためにまた書く……と、ニュースがたくさん飛びそうですけど(^^;)。どうぞよろしくお願いいたします。

富山のホタルイカ漁～ＧＤＰに代わる真の進歩指標
No. 549 (2001.09.06)

今年の4月に富山におじゃましましたときに、ホタルイカ漁に連れていってもらいました。エコシティに書いたコラムから。

(http://www.ecocity21.com/index.html)

> 昨日富山県でステキな光景を見てきたので、イキがいいうちに、そちらの話を書きたいと思います。富山は、何と言ってもキトキト（イキのいい、という方言）のお魚が美味しいところです。
> ホタルイカ漁の観光船が港を出るのは午前3時まえ。富山市から30～40分の滑川(なめりかわ)という漁港に2時半に集合します。春の海とはいえ、やっぱり夜中は寒い。救命胴衣が防寒にもなり、助かります。100人ほどが2隻の観光船に分かれて乗り込みます。15分ほどで、煌々と夜の海を照らし出して作業する漁船の近くまできました。
> 漁船では15～16人の漁師さんがリズミカルに網をたぐりあげています。ホタルイカの定置網です。水深を聞いたら300メートルぐらい、とのことでした。このようなホタルイカの定置網がこの滑川に11ヶ所あるそうです。11ヶ所すべてを4チーム（2隻1チーム）で分担して引き上げては戻す、とい

う作業が毎晩続きます。

　夜の海にカモメがたくさん舞っています。「舞っている」というより「待っている」のですね、ホタルイカのお刺身を(^^;)。観光船には目もくれず、漁船の周りを飛んでいます。そのカモメたちが忙しくなってきました。水面に舞い降りてくちばしを突っ込んでは、舞い上がります。網があがってきたのです。

　真っ暗な海の中に、青白い輝きがたくさん揺らいでいるのが見えます。海面では、小さな青い光が水からすーっと空中に飛んでは消えていきます。ホタルが飛んでいるみたい。カモメがホタルイカの躍り食いをしているんですね。

　いよいよ網があがってきました。観光船の電灯が消え、漁船の灯りも消されます。それはそれは美しい光景でした！

　漁師さんたちがたぐり上げる網に無数の宝石がきらめいています。もう一隻の漁師さんが大きなタモを海に突っ込み、空に突き上げ見せてくれます。青白い星がたくさんうごめいています。観光客の拍手に、漁師さんがホタルイカを何匹もこちらに投げてくれます。宙を飛ぶ青い光。いっしょに網にかかったイワシも空を飛んできます(^^;)。

　あちら側の漁船では、タモを海に突っ込んでどんどんホタルイカを水揚げしています。一すくいずつ海から無数のサファイアが拾い上げられます。青白い光を詰め込んだコンテナが次々といっぱいになっていきますが、船に上げられた青白い光はすぐに消えていきます。無数の発光体を持つホタルイカは刺激を受けると光るのですね。網ですくい出される一瞬のきらめきなのです。何度も何度も、海から宝石が汲み上げられます。

　と、再び煌々とライトが照らされ、観光タイムは終わりました。忙しそうにコンテナの中身を分けたり集めたりする漁師さんを乗せて、漁船は次の網へと向かっていきました。

　日本でもホタルイカの定置網漁をしているのはここだけだそうです。底引き網は他でもしているけど、定置網を手で丁寧に上げるから、ホタルイ

カに傷がつかずに上等なんです、と案内役の方が胸を張ります。「それに産卵したあとのホタルイカを獲っているから、ホタルイカがいなくなることもありません」。

「どうして産卵後のホタルイカだけをつかまえられるのですか？」と私。「ホタルイカは夕方から夜にかけて、浜の方にやってきて産卵します。そして沖に帰っていくのです。この定置網は浜に向けて仕掛けてあります。浜から帰るホタルイカだけをつかまえられるように」。う〜ん、持続可能な漁業ってこういうことなんだなぁ。

「水揚げはどうですか？」と聞くと、「今年は特によくないです。減ってきているように思います。イルカのせいだという人もいれば、水温が上がっているからだという人もいます。でもホタルイカの生態自体がまだ解明されていないので、正確なことはわかりません」。

帰ってから調べたら、富山県全体のホタルイカの水揚げ量は、平成7年に2,225トン、8年1,407トン、9年813トンとなっています（最近のデータが見つからなかったので、ここ数年はわかりませんでした）。

昨年秋の新聞に、「日本海、死の恐れ」という記事が載っていました。日本海北部では、表層水が外気で冷やされて密度が濃くなり、深層部へ沈み込むという海水循環が深層部に豊富な酸素を供給し、この地方の豊かな漁業資源に貢献しています。

ところが、この50年間に平均気温が1.5〜3℃高くなっているため、表層水が冷えなくなったのでしょうか、深層部の酸素が減っているという観測結果です。「このままでは約350年後には深層部の酸素濃度がゼロになり、プランクトンが減少し、これをエサにする魚類も減る」という予測です。

この地域でいくら漁師さんが資源を大切に守りながら持続可能な漁業をしていても……。大きな地球のメカニズムが狂ってしまえば、伝統的な持続可能な漁法も結局意味がなくなってしまうのでしょうか……。薄く明けていく空の下、青白い"いのち"の光でいっぱいの網を思い出しながら、帰路についたのでした。

青い命を汲み上げるようなホタルイカ漁、「もう一度見たいな」と願っています。持続可能なホタルイカ漁と観光のために、毎晩観光船は2隻、100人ぐらいが定員のようで、それもいいなぁ、と思っています。

　昔は、浜へバケツを持っていって、産卵を終えたホタルイカをすくって、おうちで食べていたそうです。「身投げと呼んでいましたが、浜に上がってしまうと、砂を噛んでしまうので、防波堤のあたりで、バケツにヒモを付けて、汲み上げてましたよ」とのこと。今はスーパーや魚屋さんで買うそうです。

　山へ行って山菜をご馳走になっても思うのですが、昔は、このように「GDPに数えられない地元の営み」がたくさんあったのだろうな、と。GDPに数えられないから、数字だけ比較すると「貧しかった」ということになるのかも知れませんが、浜にバケツでホタルイカを取りに行って、それを家族でいただく、という光景には、とても豊かな何かがあるように思えます。

　今でも政治家や経済界では「GDPで測る経済成長率」に躍起になっています。でも「GDPって何者？」「本当に私たちの幸せに役立つの？」という問い直しが必要だと思います。そして、いろいろな取り組みが始まっています。

　以前にも、GDPやGNPではない、「幸せにつながる」指標の試みを紹介しました。Redefining Progress（文字どおり訳すと、「進歩を再定義する」）という研究所でも、GDPでは地球のためにも人々のためにもならないとして、「GENUINE PROGRESS INDICATOR」（GPI：真の進歩指標）という指標を開発しています。
http://www.rprogress.org/index.html

　「GDPとどう違うか？」というと、「家庭とボランティア活動の経済的貢献を足し算」「犯罪、公害、家庭の崩壊などのマイナス要因を引き算」しています。このHPに載っているグラフを見ると、GDPはずっと右肩上がりなのに、GPIは1980年代から下降し続けているのですね。

「環境への取り組み＝コストアップ」ではない理由

No. 635 (2002.01.20)

　私の訳したインターフェイス社のレイ・アンダーソン氏の著書『パワー・オブ・ワン』（海象社）のご紹介をした折にいただいたメールの一つを、ご快諾いただいたので、ご紹介します。

　　　環境問題を深く勉強したことはありませんが、子どもを持ったことからなんとなく触覚を伸ばしていました。
　　　しかし恐ろしいことに、私の意識は長年勤めた企業の色に染まっているらしく、どうしても「環境イコールコスト高」という問題が頭を離れないのです。たとえばユーザーから環境を考慮したパッケージを求められても、「すぐにはできません」と言い訳ばかり考えてしまいます。
　　　環境に目覚めたはずの私はどこへ？　そんな私にこの本はヒントをくれそうです。ご紹介ありがとうございました。さっそく購入して読んでみます。「いつどこで気づくか、気づいたときに動けるか、が違いを生み出すのでしょう」ということばに、どきっとしました。私も、私が属している企業も、この点で遅れているのですね……。

　この「環境への取り組み＝コスト高」という観念は、とても広く深く見受けられます。「最低限、規制には従うけど、自分から環境への取り組みはしたくない。なぜならばコストがかかるから」という話を、どの業種の企業からも聞きます。
　「それはなぜなのだろう？」とずーっと考えていました。だって、私の知っている実際に取り組んだ中小企業からは、ほとんど100％、「コストがかかるどころか、コスト削減になりました！」という報告をいただいているのですから。でもこのような企業も、私が最初に「やりましょうよ」と誘ったときには、まず「いや～、いまは余裕がないから。景気がよくなったらやります」という返

事でした。「何を言っているんですか〜。不景気で余裕がないからこそやるんですよ〜」と私（本当だもの！）。

　やってみてはじめて、「本当にそうなんですね！　もっともっとやりたいです」と言ってくれる企業が多い。でも、その取り組みをはじめる前の「環境＝コスト高」のイメージはどこから来るのだろう？　と思っていたのです。

　いま思っているのは、「環境問題」が、「公害」から「地球環境問題」に変わってきたにもかかわらず、かつての「公害対策」のイメージが根強く残っているのではないか、ということです。

　大ざっぱな言い方をすると、公害対策のときには、原材料と製品は同じで、その工程からの排出物をどうやって出さないようにするか、無害化するか、ということに注力しました。ですから、脱硫装置やフィルターなど、「排出物を出さない、無害化する」装置を新たにつけなくてはなりません。しかも、作っている製品や原材料は同じですから、売上や原材料コストは変わりません。とすると、「環境に取り組めばコスト増」となります。

　それに対して、地球環境問題は、公害対策のような「プロセス」（工程）重視ではなく、そもそもの「製品」をまな板の上に乗せる取り組みが多くなります。原材料や使用エネルギー自体からの見直しとなります。「何で」「何を」作るのか、そもそも「何を」売るのか。そして「地球環境問題」が原動力になる限り、そこでは、原材料やエネルギーコストが必然的に低減するのです。

　どうしてでしょうか？

　私は「地球環境問題の根っこは、"取りすぎ、出しすぎ"です」と言います。「取る」「出す」ことが問題ではなく、地球の再生能力を超えて「取りすぎる」こと、地球の自浄能力を超えて「出しすぎる」ことが、オゾン層の破壊から温暖化、海洋汚染、森林破壊、その他さまざまな症状として出ているのだ、と。

　そうすると、地球環境問題を解決（少しでも軽減）するためには、各個人や各企業の「取る量」「出す量」を減らすということになります。

　多くの企業の場合、「地球から取っている」のは、原材料やエネルギー、「地球に出している」のは廃棄物・排出物ですね。地球環境問題解決のために、こ

れらを減らすということは、とりもなおさず「原材料コスト」「エネルギーコスト」「廃棄物処理コスト」が減るということです。「エコはエコ」（環境に優しいことは、財布にも優しい）は必然なのです。

　もちろん、コストを伴う環境への取り組みもたくさんあります。工場の屋根にソーラー発電を設置しよう、とか、排水を減らすために水処理機を入れよう、とか。ある時点まで「エコはエコ」をやっていると、コストを伴う取り組みも必要になってくるかもしれません。でもそれは、「エコはエコ」でコスト削減分をプールしておいて、次の段階としてやればいいのではないですか？ と私は言っています。

　ナチュラル・ステップでも、「低い枝についている実から取りましょう」といいます。苦労（コストや手間）が少なくて効果があるところからやりましょう、そのほうが社内的にも進めやすいはずです、ということです。

　それで私は、「まだ環境への取り組みをしていない中小企業」と出会うと、「あっちにもこっちにも、背伸びもしなくて手が届く実がたくさんなっているのに、もったいないな〜」と思ってしまうのです。

　このオイシイ「実をもぐ」ツールとして、2〜3年前から中小企業に進めているのが、環境活動評価プログラムです。過去のニュースにもよく出てきていますし、以下のサイトでも、私の書いた「環境マネジメントシステムと環境活動評価プログラム」という記事が読めます。（入手先も書いてあります）

　http://www.jadma.org/jad_news/jadmanews_0009.html

　金沢市がこのプログラムに取り組んだ全国50社を対象に行ったアンケートによると、半月からだいたい2ヶ月半で、しかもお金をほとんどかけずにできていることがわかります。そして、3分の1強が経費削減の効果をあげていますし、私もほぼすべての取り組んだ企業から聞きますが、「社員の意識向上」を通じて、体質強化につながっているのだと思います。

　別の号で、私もいっしょに取り組んだ企業の事例をご紹介したいと思います。ニュースの読者にも、取り組まれている事業者の方がいらっしゃると思います。どうですか？ どんな効果が上がっていますか？ やりにくいところはどこです

か？　次の段階に上がっていくために何が必要ですか？　どんなことでもいいので、ぜひ教えてくださ～い！

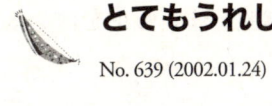

とてもうれしい報告：環境活動評価プログラム効果の実例
No. 639 (2002.01.24)

　[No.635]でも紹介した「環境活動評価プログラム」について、中小企業経営者の集まりである日本青年会議所の機関誌に昨年12月に書いた内容を少しご紹介しましょう。成果が「数字」でも読めます！

　　この2年間、この紙面上でも、また各地の青年会議所の例会やブロックでの講演会などで、中小企業版ISO14001とも言われる「環境活動評価プログラム」（エコアクション21）をご紹介し、お薦めしてきました。
　　昨年は、富山ブロックで取り組みたいということで、50社ほどと夏にワークショップを行い、プログラム作成をしました。取り組みから1年、このワークショップに参加して行動計画を作り、実践してきた太閤山カントリークラブの方にお話を聞きました。
　　前年に比べて、電力料金130万円節約、ガス料金も130万円節約できたそうです！　そして、ゴルフ場ですから当然芝を刈るのですが、以前は灯油を燃料に焼却していた芝も、堆肥にすることに。おかげで、灯油代100万円を節約し、さらに堆肥もそのうち収入源になるかもしれない、というお話でした。何ともワクワクしますね！
　　太閤山CCはこのような取り組みによって、環境レポート大賞のエコアクション部門で2年連続「優秀賞」を受賞したそうです。福島のメンバーは、このプログラムの取り組みを活かして「福島県のエコオフィス」第1号に認定されたと新聞記事のFAXを送ってくれました。また、太閤山CCの担当者は、「環境計画・行動に対しての結果が着実に見えてきて、社員一同よりいっそうやる気が出てきたようだ」とのこと。コスト削減のみならず、地元

での信頼や企業イメージ、社内の体質強化、社員の意識やモラルの啓発につながっていることがわかります。

「エコはエコ」——ただ待っていても見返りはきません。この不況の続く苦しい時代だからこそ、環境を切り口にコスト削減・体質強化をはかるJCメンバーがひとりでも増えますように！

富山で取り組んだ仲間に、葬祭業を営んでいる事業者の方がいました。彼に「どんな成果が出ているの？」と聞いたところ、以下の返事を送ってくれました。「ホール」というのは葬祭専用ホールのことです。

エコアクションの効果ですが、三つに分けてご説明致します。
1. エネルギーの使用量を削減し省資源・省リサイクルを実践する
　まず電気量を減らそうということで、必要のない空調はつけない、お客様がおられない作業中の時は余程でない限り我慢する。必要のない明かりはこまめに消すことを周知徹底することで、ホール一件あたりの使用量の毎年2パーセント削減という目標は達成しております。

　今現在は照明器具の玉を切れたものから100w→40wに変えています。（早く全部切れないかな……）やや薄暗くなったかもしれません。

　ただ、年間四百数十万円の電気使用料金は高すぎる気がします。この北陸の地は冷房が必要なのが約3ヶ月、暖房は約6ヶ月ですから、元々ランニングコストの安い床暖房にしておけば良かったと後悔しています。今現在、別の場所に新たなホールの建設を予定しておりますが、そこではかなりお金がかかりますが床暖房、省エネタイプの照明器具を使用する予定です。

2. 廃棄物の減量とリサイクルを推進する
　廃棄物については排出量を把握するシステムがなかったのですが、把握できるようにしたところ、ダンボールのゴミが非常に多いことが分かりました。

ダンボールの出所の殆どが納入される商品の梱包でありましたので、納入の際、中身だけもらい、ダンボールを持って帰ってもらい再使用していただくように致しました。そうすることでダンボールの廃棄物は減らすことができました。
　そうすると、ある納入業者さんは毎月1回営業に来られるのですが、以前は来られた時に受注し後日、運送会社さんが配達されておられたのですが、最近は事前に電話で受注し、商品を持って営業に来られるようになりました。運送会社さんは？

3. グリーン購入の推進
　環境に優しい商品の購入を進めていこうということで、香典返しの包装に使っている袋を再生紙を使った、厚みの薄い袋に変えました。
　　以前までの袋（艶やかでしっかり）　　　大　約58円　小　約52円
　　再生紙を使った薄い袋（エコマーク入り）大　約32円　小　約30円
　在庫があったものですから、使い始めて4ヶ月くらいですが、今のところ香典返しの袋の質が落ちたなどという苦情は伺っておりません。商品の質が落ちれば、反応は必ずあるのですが……。年間、約130万円のコスト削減です。
　環境負荷の排出量の把握をすることで、実践したことによる具体的な成果が形となって目に見える。何と言っても、これが私の場合大きかったような気がします。これからもエコアクションどんどん進めていきたいと思います。
　それにしても5年程前は葬儀は寺院、公民館、自宅などで営まれていたのが、近年は約8割が葬儀専用ホールになりました。あと3年もすれば10割になるかもしれません。葬祭会館は確かに暑くもないし寒くもない。風呂も付いているし、すべて椅子席だから足がしびれない。しかし、環境にいいものではないと思います。
　葬儀の本質は、亡くなられた方を故人と縁のあった方々に見守っていた

だきながらお送りすることであり、我々の仕事はそのお手伝いをすることであります。お客様に集金に伺うと「楽やった」とおっしゃられる方がおられます。サービス業の場合はその「楽」をさらに高めることは大切なのですが、「楽」って環境に悪いですね。きりがないですし……。商売は競争ですから、さらなる心の籠もった葬儀を追究していきたいと思います。

　枝廣さんにはこれからもお体にお気をつけて、頑張って下さい。

　それと、ニュースに書いてもらっても良いですよ。喜んで。

　香典返しの袋を見直しただけで、年間130万円のコスト減！ このエコアクション（環境活動評価プログラム）をやらなかったら、きっと袋や廃棄物や電気の使い方の見直しなどしなかったのではないかな、と思うと、よかったな〜、と去年の冬、何度も雪の富山で一緒に勉強会をしたことを思い出します。そして、その仲間だからでしょう、最後の一言にうるうるです。(; ;)

　昨年は、このグループと3回勉強会をしました。このメンバー約10人には、"環境に目覚めて"このグループに入ったというより、「希望してないのに入っちゃったよ、環境って何だい？」という人もけっこういました（ごく普通の反応です）。

　メンバーに、小料理屋さんの板前さんがいました。新湊懐石しずはなの桶谷静宏さんです。私の話が環境についてはじめての話、という人も多いのですが、たぶんこの方もそうだったかもしれません。勉強会では、「自社と環境との関わり」をまず考えてもらうのですが、「電気ぐらいかな……。でも消すわけにいかないし……」と口の重い彼。（板前さんとしては、私は口の重い方が好きなのですが……^^;）。

　2回目、3回目と勉強会をしました。勉強会では、それぞれ自社の環境負荷の把握や行動計画を立てます。一人でやるより、いろいろな企業の話や取り組みにヒントや刺激を得られるので、効果的です。私も、これまでの経験で近い例や思いつきを、片っ端から投げ込みます。

　最後に会ったとき、彼は「うちの環境負荷が大きいのは、廃棄物で、それは

主に生ゴミ。だから、それを減らすために、コンポストを入れることにした。それから割り箸もやめた」とグループの仲間に話していました。私は、彼の自信の感じられる口調にとてもうれしくなったのでした。

　ところで、私はこれまでこのエコアクションを「300円で300万円儲ける！」というキャッチフレーズで売り込んでいました（別に販売手当はもらってないのですが　^^;)。300円というのは、このプログラムを取り寄せるときの切手代です。語呂がいいので、「300円で300万円！」と言っていたのですが、上記に引用した太閤山カントリークラブの取り組み初年度のコスト削減額は360万円！　りっぱな証拠になってくれた、と思っていました。

　「取り組み2年目はどうですか？」と、太閤山ICCの担当者である前花さんにうかがったところ、最新の数字を送ってくれました。初年度からさらに870万円も削減しています！　あわせると1200万円以上になります。そして、ますます張り切って力が入っている様子。うれしいですねぇ！

　今度から、「300円で1200万円！」と看板を掛け替えなくては！(^^;)。

第4章 これからのエネルギーと これからの経済

伝統文化やお棺の話

No. 458 (2001.05.01)

　先日姫路にうかがったときにも、講演後の懇親会で「屋台」の話がでました。とても勇壮なお祭りがあるそうです。最初混乱しちゃったのですが、ここでの「屋台」は「神輿」を大型化したものでした。「屋台文化保存連絡会」という名刺を下さった清水建一さんが、メールを下さいました。

　　祭りを彩る播州の祭り屋台には、大きな太鼓を乗せ4人の乗り子が勢いよく打ち鳴らします。昨今この直径約1メートル余りの欅（けやき）材が内地材では供給できず外材に頼ろうとしています。伝統文化保護の為といいながら外国に消費文化を輸出し、物を輸入しているのではと感じています
　　余談ですが、近年では、幕に施される刺繍は中国から、木彫刻はバリ島から輸入されるものも少なからず有り、国内伝統技術を受け継ぐ「匠」たちの生活が脅かされています。枝廣さんがご講演された環境と経済の繋がりを伝統技術と経済に置き換えて考えて行くのも一つの手法ではないかと思いながら活動しています。

　伝統文化を保護し、継承していくということは、その「心」だけではなく「身体」も自国で養い続けられるようにしていかなくてはならないのだなぁ、と思います。

　いま世界の各地で、自分たちの言語を守ろう、自分たちの文化を守ろう、という動きが出ています。アイヌ語のラジオ放送が始まったとか、タヒチでもフランス文化の流入に消えてなくなりそうだったタヒチ語を学校で教えるところが出てきたとか。

　私には、「自分と地球とのつながりをもう一度取り戻そう」という、環境への取り組みも同じ潮流であるように思えます。根っこは一緒、向かっている方向も一緒、それぞれの立場や関心でいろいろな取り組みがある、と。

私はこのように、「環境への取り組み」とよく書くのですが、「環境を切り口とした取り組み」という感じです。以前に聞かれたことがあるのですが、「環境保護」という言葉を私はあまり使わないのです。保護すべき対象は、地球というより人間だろうと思っているし、「保護」というと、「ワタシ保護する人、アナタ保護されるモノ」って感じが出ちゃうような気がして。個人的にニュアンスにこだわっているだけですが(^^;)。

　話は戻りますが、姫路での懇親会で、マッチの製造販売に関わっていらっしゃる方のお話を伺いましたら、マッチの軸も中国産だそうです。割り箸もそうです。

　別の機会に葬祭業の方に伺ったら、お棺も中国産が多いそうです。再生紙で作ったお棺も登場しているということですが、まだ値段が高めのせいか、それほど出ていないとか。中国産に切り替わってきたのは値段が安いためです。

　私のお棺は、絶対に国産の間伐材で作ってほしい！と願っています。できれば長野や静岡で見せていただいたあの山の木で、見学をさせてもらったあの間伐材工場で製材した木材で作ってほしい。これこそ最高の贅沢ですね、きっと。

豊島(てしま)の大きくて小さな、そしてやっぱり大きな問題

No. 349 (2000.12.20)

　11月中旬に、香川県の豊島(てしま)に連れていってもらいました。ご存知のとおり、産業廃棄物が大量に運び込まれ、放置されたままになっている島です。中坊公平弁護士をはじめとする方々のご尽力で、今年の6月に県が非を認め、隣の直島(なおしま)に処理場を建設して、豊島の産廃物を運び出して処分することで"解決"しました。

　事件の経緯、及び解決へ至る道筋など、豊島産廃問題に関する情報は、豊島ネットなど。　　http://www4.justnet.ne.jp/~vet.kawada/

　豊島へは高松市から船で渡ります。生まれて初めて「海上タクシー」というのに乗りました。定期便もあるのですが、直行ではないため、時間がかか

ります。海上タクシー（28人乗り）なら、所要時間30分ほどです。

「船は大丈夫ですか？」と、連れていってくれる豊島ネットワークの方。「すごーく揺れるんですよ。最初の人はまず参っちゃいますねぇ」「おっ、今日の海はいつもより荒れてますよ」と何だか嬉しそうに見えるのは、こちらの不安の裏返しか？(^^;)。

「横揺れというより、縦に上下するんですよ。波の間を落ちていくというか。まあ、ジェットコースターみたいなものだから大丈夫でしょう」という慰めの言葉に、三半規管の欠陥？により、ジェットコースターには死んでも乗らない（乗れない）私は、「う〜む、生きて帰って、豊島のニュースが書けるだろうか？」(^^;)。

それでも、足を踏ん張って、窓から前方を見て船が「落ちる」タイミングを予期できたので、酔わずに無事到着しました。

閑散とした静かな波止場でした。垂れ幕も何も、豊島事件を思わせるようなものは何もなく、いくつもの漁船が波に揺れ、駐車場に自動車が何台か停まり、何軒かの家やお店（この辺で唯一の喫茶店だとか）が静かにたたずんでいます。

波止場から車で10分ぐらいでしょうか、ぐるりと回った島の端っこのところが「現場」でした。車から降りて歩いてみました。見たところ、何の変哲もない草っ原のようです。広い校庭ぐらいの面積でしょうか。

歩いてみると、足元の「地面」がタイヤの破片などの黒い集まりでできていること、一歩ごとに少しフワフワすることに気づきます（これでも"締まった"んですよ、とメンバーの方）。

「地面」を四角く切って掘った場所があります。のぞいてみると、いろいろな層が積み重なった"地層"が見えます。黒い灰の層が多く、ゴムの破片や何だか焦げたものが重なっていたり、ところどころ、梱包に使う青いビニールヒモが風にゆれているのは、何ともいえない「地下の証人」たちです。

深さ10〜15メートルのところまで、このような"ゴミ"が埋まっています。というより、何もないところに産廃物（多くが廃棄自動車）を持ちこんで、廃油をかけて焼き、またその上にそういうゴミを積み重ねるという、長い年月の

違法投棄の結果、50万トンもの廃棄物が積み重なり、10～15メートルも海抜が上昇してしまったのです。島の形が変わってしまったのです。

　タイヤの破片など、明らかに自動車のゴミであることがわかるものが目につきます。「事件が報道されてから、ある自動車メーカーの人が来たんですよ。そして、自社のエンブレム（メーカー名がわかる箇所）を拾って帰りました。これだけ広いですからねぇ、とても拾いきれるはずもないのですが」。

　「豊島温泉にお連れしましょうか？」何かと思ったら、地下深くから地上まで伸ばした長い管の出口のことでした。フタを取ると、確かに硫黄の温泉のような、でもゴムの焼けたような、胸が悪くなりそうな臭いが地下深くから立ち上ってきます。この「温泉」が数十年の恨みを吐き出さなくなる日はいつくるのでしょうか。

　ゴミの丘に立つと、すぐ下の海岸で護岸工事を行っていました。6月の問題解決を受けて、ようやく、このゴミの丘から海へと有害な汚水が流れ出さないよう、遮水壁を敷設する工事が始まったそうです。「地形的に見て、地下水の流れは海に向かっていて、日量120トンの地下水が現場北海岸の海底から湧出しています」ということです。「ということは、島中に汚染物質が撒き散らされているわけではないのですね」と私。確かに波打ち際は汚い色に染まっています。

　付近では、カキなどの貝からダイオキシンが高濃度で検出されたり、イボニシという貝に生殖腺の発達異常が見られたり、さらに湧出する地下水からはベンゼンやダイオキシンが検出されているそうです。ただ、現場周辺の海域は、海の流れがきついため、汚染の影響は拡散されて目立たないだけだそうです。このため、北海岸の汚染拡大を防ぐための工事が、6月の調停成立後にようやく開始されました。

　香川県は、去年「ウニなどの実験では汚染の影響はなかった」と発表しましたが、実際には、大変に潮の流れの早い海の沖合100メートルの地点で採取した海水を使って実験していたので、「あそこで汚染が検出されていたら、大変ですよ。瀬戸内海中が汚染されていることになる」とメンバーの方。早く遮水壁の工事が完成して、少なくともこれ以上の汚染が海に入らないように、と願って

います。

「じゃあ、そろそろ戻りますか。せっかくだから、島をぐるりと回って波止場に行きましょう」と促がされて、車に乗りこみました。オリーブ畑やみかん畑を縫うように、道が続いています。しばらく走って初めての町がありました。小学校などがあります。民家が集まっている地区です。集落を抜けるとまたしばらく、山の中です。別の集落を通って、ぐるりと一周しました。

豊島の人々の暮らしにどういう影響が出ているのか、お聞きしました。豊島の漁師が獲った魚は、たとえ島の反対側のきれいな海域で獲った魚でも「汚染されている」と嫌われたり、主力な農作物のひとつであるミカンも同じような扱いを受けたりしている、とのこと。

「豊島は『産廃の島』『毒の島』というから、島中が産廃に埋まっているのかと思っていました」と私。「不法投棄の場所は、島全体から見たら、本当に小さいんですね。人々が住んでいる場所からもだいぶ離れているじゃないですか？」。

豊島ネットの方が地図を見せてくれました。豊島はけっこう大きな島で、2〜3の集落が海辺に点在し、あとは畑や果樹園が斜面に広がっています。問題の不法廃棄の場所は、どの集落からも離れた島の端っこにあります。「豊島全体の面積は15平方キロメートルあります。不法投棄の面積は7ヘクタールです」。

面積で言えば、豊島のわずか0.5％程度が「問題の場所」なのです。「問題の場所」以外は、昔と変わらず、藍色の海に囲まれた緑豊かな島なのです。「その問題の場所は何という場所ですか？」とお聞きしました。「それなら、『豊島の水ヶ浦の産廃問題』って言えばよいのに？　豊島全体が汚染されているようなイメージを、私だけじゃなくてたくさんの人が持っているのではないでしょうか？だから豊島の魚は食べないとか、豊島と書くとミカンも売れない、ということになっているのではないですか？」。

……と言いながら、でも「豊島の小さな問題」だったら、マスコミも注目しないだろうし、世論を動かして解決へ向かうこともできなかったのかもしれない、と思いました。マスコミや人々のイメージを動かすことと裏腹に、そのイメージが風評につながり、現実に被害を受ける島の人々がいる……難しい問題

だなぁ、と。

　豊島から高松に戻り、豊島ネットワーク主催の「第5回豊島原論」という公開講座で話をさせてもらいました。私に与えられたテーマは「循環型社会の構築をめざして」。豊島事件が一応の解決をみた現在、豊島はこの教訓を活かして、循環型社会を作っていく力になっていくべきだ、という皆さんの思いだと思います。

　講演後、新聞記者の方に「豊島へ行かれたそうですが、何をいちばん感じられましたか？ どんな教訓がありますか？」と聞かれました。

　「しくみ不在の恐ろしさです」と、私は答えました。もし、香川県にISO14001などの環境マネジメントシステムがあったら、と思います。豊島の方々が、高松などで実態と支持を訴える活動を展開されたとき、いちばんたくさん言われたのが「どうしてこんなになるまで放っておいたのですか」という言葉だったそうです。

　放っておいたわけではないのです。島の人をはじめ、事件の始まった頃から何度となく県に問題や自分たちの懸念を伝え、発言してきました。でもそのどれも、「不法であることを承知しながら」業者に許可を出した県の担当者が聞き入れなかったのです。

　もしISO14001のしくみがあれば、そのような苦情は「受け付け、記録し、対応を決めて、それを記録する」ことになりますから、担当者が聞き入れないとしても「こういう苦情が来たが、聞き入れない」という記録が残ります。そして、継続的改善のための内部監査や見直しで、再びそういう項目は人々の目にさらされます。どう対応するかは別として、少なくともそういうしくみがあったなら、少しは状況が違っていたのでは、と思います。

　それからマネジメントシステムは、「属人的要素」を減らすためのものでもあるので、「あの担当者だから聞いてくれない」「あの担当者はウンと言ったのに、担当が替わったら知らないと言う」ということも防げると思います。

　香川県は「豊島事件をきっかけに、循環型社会構築を促進する」と言っていますが、ISO14001を取得する活動はまだやっていないそうです。今回の事件は

マスコミの注目や中坊弁護士の活躍で何とか解決にたどりついたけど、しくみ不在のままでは、同じ問題が起こりはしないか、と思います。……ということを記者の方に申し上げ、翌日の講演でも「県民のみなさんが、県にISO14001取得をプッシュするのもひとつの道です」とお話ししました。

　もうひとつ、大きな課題として豊島にのしかかっているのは、「過疎化・高齢化」だと思います。島内を走っていても、ほとんど若い人がいませんでした。このような島や地域の例に違わず、高齢者がとても多いそうです。

　豊島産廃問題を何とかしようと住民の中心となって動いたのも、若い世代ではなく（若い世代のほとんどは島を出ている）、年配の方が多かったそうです。調停が成立して、一応解決ができて、「じゃあ、これからの豊島をどうしようか？」という話を進められる若い層がいないのは、ちょっと厳しいなぁ、と思いました。

　水俣じゃないですけど、「負の遺産をバネに」豊島を本当の循環型社会のお手本にして、観光客や視察団を集めようじゃないか、日照時間の長い地域なので、今は中国電力から海底ケーブルで引いている電力を、ソーラーで島内でまかなうようにしたらどうか、八丈島みたいにデポジット制を導入したらどうか、流れの早い海流があるので、それを活かした発電や、沖合い風力発電はどうか……などなど、たくさんのアイディアを出して、町を元気にする若者たちがいたら！

　ITを活かして、「バーチャル豊島寄り合い会議」なんてできないでしょうか？豊島を出て都会で生活する若者も、豊島に関心のある日本中の人々も、もちろん島の年配者も、メーリングリストなどでそんなアイディアを話し合うことができれば、豊島という地理的な範囲を超えて、大きな知恵や希望や励ましや元気が生まれるのではないかなぁ、と。

　何にしても、こういう動きには強力な思いを持った「言い出しっぺ」が必要です。もし豊島でそういう動きが始まったら、ぜひ応援したいな。高松へ向かう海上タクシーの中から、舳先が海を真っ二つに割る時にあがる盛大な水しぶきが一瞬見せてくれる虹を数えながら、そう思ったのでした。

ダム〜水の思想、流れの思想

No. 454 (2001.04.28)

　長野の田中康夫知事の「脱ダム宣言」は、今もいろいろな影響を与えているようですね。批判もあるようですが、物事を進めていく側が「目的」と「手段」を明確に分けて考えなくてはならないのと同様、批判側も「目的」と「手段」を分けて考えなくては、と思いました。

　「脱ダム」という「目的（あるべき姿）」に反対なのか、それとも事前の協議をあまりせずに進めた「やり方」を批判しているのか、ということです。時々見かけることなのですが、「やり方」がまずいだけなのに、その批判をしてるうちに、「目的」そのものまで否定しちゃったりすることがあります。

　たとえば、家電リサイクル法。「不法投棄が増えるし、循環型社会と言いつつ、不法なゴミを増やすケシカラン悪法だ」と言われたことがあります。この場合、使用済み家電製品をリサイクルすることで資源を節約し、何より、先がないゴミ処分場を延命しようという「目的」は正しいけど、廃棄するときにお金を払うという「手段」（しくみ）がマズイのでしょう。

　そしたら、そのマズイしくみを、まずくないしくみにしていけばいい（購入時に処分費用を上乗せして払うしくみにすべきだと思います）のであって、目的まで否定することはない、と思います。

　ビジネス交渉などの通訳の場面でも、同じようなことがあります（通訳としては黙って見ていますが ^^;)。「何をやりたいか」より、「どうやるか」の方法論の議論の方が身近でわかりやすく、自分のこととして切迫しているからでしょう、両者がこちらの議論に"埋没"してしまって、「そもそも何をやりたいのか」が置き去りにされてしまう、最悪の場合は方法論の議論が決裂すると、プロジェクトそのものも決裂、ということもあります。「目的は共有しているのに！」ともったいなく思います。方法論ではなく、共有している目的の確認から話し合いを始めればいいのに、と（そのうち「バックキャスティング交渉術」という本でも書こうかと思っています ^^;)。

ダムの話に戻りますが、3月にワールドウォッチ研究所のレスター・ブラウン理事長が来日していたとき、長野県で講演会がありました。その後、田中知事も交えての夕食会があって、当然ながらダムの話が出ました。レスターは、講演でも質問を受けて答えたことを知事に熱心に語っていました。
　「ダムを建設すること、そして維持することは、その利益を計算して判断しますよね。治水とか、灌漑とか、発電とか。かつては、このような要因を計算して、ダムはあった方がいい、という判断で、たくさんのダムを造ってきました。でも最近は、この計算に、生態系への影響や、気候変動への影響、下流の漁業への影響など、これまで入っていなかった要因が含まれるようになってきました。そうすると、計算の結果が変わってくるんですね。
　たとえば、アメリカでは1930年代にコロンビア川に数多くのダムが建設されましたが、そのために、サケ漁が壊滅するなど、『治水、灌漑、発電』以外にも考慮に入れるべき要因が出てきました。計算に含めるものが増えてきた、ということです。そのため今では、『維持すること』もプラスよりマイナスが多いという判断で、既存のダムを取り壊しているところもあります。これまでダムは発電という大切な目的がありました。世界の発電量の約20％は水力発電ですから、重要なのです。しかし、現在、発電ということでも他の選択肢が出てきています。風力発電やソーラー、長野にも温泉があるので地熱も豊かでしょう？ダムの水力発電に頼らなくてもいい、という選択肢が今ではあります。
　このような『計算し直し』をドラマチックに進めた例が中国にあります。中国は数年前に揚子江の大洪水で大きな被害を被りました。最初は天災と言っていた政府も、調査のあと『揚子江上流の森林を85％も伐採してしまっていたため、保水力が低下して洪水を招いた』と人災であることを認めました。そして、その保水力の効果を計算して『伐採した材木よりも、立ったままの木の方が3倍の価値がある』として、上流での伐採を全面禁止しました。いまでは、かつての伐採業者は植林業者に職を変えています。
　このように、これまで入れていなかった要因を入れて『計算し直し』する、この例のように、きちんと金銭的な価値として出す、という動きがあります」。

この翌日だったか、東京で世界水フォーラムの主催で、やはりレスターの講演がありました。講演を受けてコメントをなさった東京農工大の千賀裕太郎先生が、興味深い数字を披露なさっていました。「日本の食糧と水を考えてみました。日本は、3800万トンの穀物を消費していますが、穀物自給率は27％ですから、約2700万トンを輸入している計算になります。レスターさんが言っていたように、"1トンの穀物を作るのに1000トンの水を使う"ということになると、270億トンの水を穀物という形で輸入していることになります。この水の量は、信濃川や石狩川の年間流量の約2倍です。乾燥地帯が水がなくて穀物が作れない、だから輸入するというのは、まだわかります。でも水が豊かな日本が、水不足が深刻化しつつある海外からこれだけの水を輸入している、ということは、どうなのでしょうか？　レスターさんからも世界的な水不足の問題が指摘されましたが、日本ができること、すべきことは、せめて自給率を引き上げて、海外から穀物という形で持ってきている水を減らすことではないでしょうか？」。

　このような数字で示された例は初めてだったので、とても興味深くお聞きしました。日本は水に恵まれているので、世界の水不足問題にはあまり関係ないと思っている人も多いのですが、実は問題に加担しているのだ、というつながりがわかって、勉強になりました。

　水ということで思い出すのが、3月に通訳として参加した『水をテーマとした環境教育』ワークショップで出た「日本では、川を"導管"として見る傾向が強い」ということばです。ふむふむ……と、何となくひっかかってメモしていたのですが、最近、いただいた本を読んでいたら、「おお、こういうことなのね！」とつながって嬉しく思いました。

　『山里の釣りから』（内山節著、岩波書店同年代ライブラリー）です。哲学者が自分の大好きな川での釣りを通して、川の歴史、川と共に生きてきた山村の人々の生活を語る中に、日本の高度成長以後の大きな問題が浮かび上がってくる、とても思索的な本です。久しぶりにとても落ち着いて、頭と心で本を読んだ気分でした。少しだけ引用します。

「河川水運は水の流れを利用して発達した。船運以外にも材木は筏に組まれて川を流れた。神流川でとれた材木もそうやって江戸へ、東京へ運ばれていた。村には水の流れを利用した水車小屋がつくられていた。ここにはまだ川の流れを利用するという発想があった。それを僕は流れの思想と呼んでいる。

だが近代以降の歴史のなかで、流れの思想は死んでいった。流れを利用することはなくなり、かわって水の利用価値だけが前面に出てきた。都市の上水、工業用水として、あるいは農業用水として、水をためてそれを使うことだけが川の役割になった。

その頂点に立ったのが、各地のダム建設である。いわばそれは、流れの思想から水の思想への転換である。こうして水の確保という一点に川の役割は集中するようになる。そのことは結局、流れをとおして川自身が再生産されている方途を塞ぐことになったのである」

「僕は都市は都市として、山村は山村として自立すべきだと思っている。山村で作り出された電気は山村の人が使えばよい。都市に電気が必要なら都市の中に発電所を作ればよい。将来のエネルギーとして原子力発電の重要性を説く人がいるが、もし百歩譲って電子力発電の必要性を認めたとしても、何も山村や漁村に作る必要はない。それは都市の電力需要から必要なだけである。どうしてもいるというのなら、東京のまんなかに原子力発電所を作ればよいことだ。これ以上、山村を都市の手段として利用することはやめることだ。

それは遊びについても言えることである。都市の生活にとって“オアシス”が必要なら、都市の内部に“オアシス”をつくる方法を考えるべきだ。まず都市の川の復興を求めるべきである。(中略)。山は都会の“オアシス”だって？ 馬鹿なことを言うな。山は山里に棲む村人や動物たちのものだ」

最後まで読んでびっくりしたのは、この本が著されたのが1980年、20年以上前だった、ということです。あれから脱ダム宣言まで、どのように見ていらっ

しゃるか、日本の山村や、都市との関係はどのように変わってきたのか、著者に聞いてみたいな、と思います。

中国の黄砂とりんごの皮

No. 493 (2001.06.19)

ワールドウォッチ研究所のレスター・ブラウン理事長は、この5月に新しく立ち上げた「アースポリシー研究所」所長も兼任していますが、ときどき「アラート」という短めのプレスリリースを送ってくれます。アラートを受信するには、以下のサイトで登録をどうぞ。

http://www.earth-policy.org/z1_htm/sign_up.htm

新しい研究所から届いた「アラート」第1号の概要をお送りします。

中国の将来を脅かす黄砂

4月18日、コロラド州ボールダーにある海洋大気局研究所の科学者たちは、中国北部からの大きな砂塵嵐が米国まで達し、「カナダからアリゾナまで、"砂の毛布"を掛けた」と報告した。ロッキー山脈の丘陵地帯からは、山々が中国からの砂で霞んでいた、という。

ニュースでは、砂塵嵐はこの3年間の干ばつのせいであると報告されることが多いが、中国北西部では、土地に対して人間の圧力が過剰にかかっている。人も多すぎれば、牛や羊も多すぎるうえ、耕作地も多すぎるのである。米国の人口の5倍近い13億人に食糧を供給するということは、たやすいことではない。

1994年に中国政府は、建設のために耕地をつぶす場合には、他の場所に、つぶされる耕地と同じ面積の土地を開墾しなくてはならない、という決定を行ったが、これも現在のひどい環境劣化をさらに進めることになっている。

広東省州や山東省、浙江省、江蘇省などの成長の著しい沿岸部の省では、

都市の拡大や工業のための建設が進んでいるため、多くの耕地が失われており、その減少分を相殺するために、他の省にお金を払って、新しい土地を開墾してもらっている。これは、内モンゴル、甘粛、青海、寧夏、新疆などの北西部の省に、最初は棚ぼた的な利益をもたらした（内モンゴルが、22％の耕地拡大でトップ）。

　北西部の省は、すでに過耕作と過放牧に悩んでいるが、さらに生産力の低い土地にまで鍬を入れるようになったので、風による土壌浸食がさらに進む結果となった。現在では、風害で土壌が浸食された結果、土地を捨てざるをえなくなり、人々は東へ東へと移動するしかないという状況だ。それは、アメリカでの黄砂の時期に、グレートプレーンズ南部からカリフォルニアへと、人々が西へ西へと移動した様子と似ていなくもない。

　耕地の開墾に加えて、家畜数の増大が植生地を裸にしている。土地の扶養力をはるかに超える家畜を飼っている結果、草地はみるみる劣化し、砂漠化が進行して、砂丘が広がっている。公式の推計によると、毎年900平方マイル（2330平方キロメートル）もの土地が砂漠化している。

　降雨量が減少し、水の汲み上げ過ぎで帯水層が枯渇している中国北部は、文字どおり干上がりつつある。地下水位が低下すると、泉は干上がり、小川の流れは止まり、湖は消え、川は干上がる。米国の衛星は、約30年にわたって中国の土地利用をモニタリングしてきたが、中国北部では文字どおり何千という湖が消えてしまっている。

　中国の南部および東部で森林が消失していることから、南シナ海、東シナ海、黄海から内陸部へ運ばれる水分が減りつつある。森林があれば、水分を保持でき、その水分が蒸発して、さらに内陸部へ運ばれることになる。ところが、樹木の被覆がなくなってしまうと、水分に富んだ大気が内陸地を動いて雨を降らせても、その雨はそのまま流出してすぐに海に流れ出てしまう。森林が消失すると、内陸部の降雨量も減ってしまうのである。

　このように悪化する状況を逆転させるには、人口を安定化させ、可能なかぎりどこでも植林を行って、内陸の降雨を循環する手助けをしなくては

ならない。浸食されやすい耕地を草地や林地に転換し、家畜数を減らす必要がある。そして、1930年代の米国で砂塵嵐に終止符を打つために行ったように、耕地の中の風の通り道に木を植えて防風帯を作ることだ。

　風力タービンを設置して風よけとし、風速を落として土壌浸食に歯止めをかけよう、という興味深い方法も可能となりつつある。風を弱めたい地帯に風力タービンの列を設置し、土壌浸食を大きく抑制することができるだろう。またこれによって、燃料用の木の消費量も減らして、森林にかかる圧力を軽減することもできる。

　風力発電タービンが、砂漠化の「風よけ」になるとはおもしろいなぁ、と思いました。この効果も計上できれば、このような地域での風力発電コストはかなり低下しそうですね。
　それにしても、地球儀をみると、「中国の砂が米国まで達する」というのはすごいなぁ、と思います。地球の小ささを教えてくれるような気がします。
　先週の金曜日に聞いてきた『アースデイフォーラム』での宇宙飛行士の毛利衛さんと坂本龍一さんの対話を思い出しました。

毛利さん●（宇宙から撮った地球の写真を見せながら）大気がいかに薄いか、このスライドでわかるでしょう。地上30～40キロまでは空気が濃く存在しています。「宇宙」というのは、100キロ以上のことを言います。
　この空気の層の上には、火山からの噴煙ナトリウムなどがたまっています。昼間、これが太陽光を吸収して、夜に発光します。その線が見えるでしょう。1992年に宇宙に行きましたが、その前年、ピナツボ火山が大噴火しており、こういう線が地球中をぐるりと囲んでいました。
　その火山の噴火ガスは、たった3日間で地球を覆ってしまったそうです。
坂本さん●ぼくが東京で自動車を運転して出すガスも同じなんですよね。もちろん量は少ないから薄いけど。でも、3日間で地球を覆ってしまう。
毛利さん●ええ、そうです。そして、ピナツボ火山のガスが収まるのにど

のくらいかかったか、というと、93年にはだいぶ収まっていましたが、まだ残っていました。

96年には若田さんが宇宙へ行きましたが、収まっていたそうです。数年かかったということです。

坂本さん●世界中の火山が排出しているCO_2の250倍ものCO_2を人間は出しているそうです（数値はちょっと違うかもしれないけど）。火山は一過性だけど、人間が「いつも出していること」が大きな影響を与えています。

地球の半径は6500キロですが、登山家の野口さんが言われたように、1万メートルのエベレストでは息ができない。せいぜい5000メートルまででしょう。深海も含めて、上下あわせて10キロの中にすべての生物が生きている、ということです。

毛利さん●ええ。地球がりんごだとすれば、その皮の厚さにすべての生物が住んでいることになります。

りんごの皮ほどの薄い層が、生きとし生けるものすべての「生存可能領域」なのですね。そんなところで、砂を飛ばしあったり、二酸化炭素を出し続けている皮なんか、むいちゃうぞ〜！ なんて言わないりんごは、偉いな〜と思います(^^;)。

動物会議
No. 504 (2001.07.02)

昨日の午後、『"環境の世紀へ、変えよう！"地球温暖化防止・大集会』で、私が通訳した京都議定書批准を強く促している米国の自然資源防衛評議会のデビッド・ホーキンス気候センター所長のスピーチからご紹介します。

まず私は米国政府のとっている立場をお詫びしなくてはなりません。しかし、米国の国民はブッシュ大統領の温暖化に対する立場を支持していな

いということ、私たちは大統領の立場を変えることができる、ということを伝えるためにここに来ました。(ここで会場から大きな拍手が起こりました。私も通訳に熱が入ります。デビドさんは、このあと温暖化のしくみや、実際に地球の温度や二酸化炭素濃度がどのように上昇してきているかをわかりやすくお話しになりました。特にわかりやすかったのは、私たちの化石燃料の消費スピードについてのたとえでした。ニュースにも書いたことのある「対比と比較」の効果的な例です)。

　私たちがいま燃やしている化石燃料は、過去7500万年かけて蓄積してきたものです。あなたの書庫に7500万年分の新聞が溜まっているところを想像してみてください。そして私たちがいま化石燃料を燃やしているスピードは、毎日毎日、300年分の新聞を書庫から取りだして居間で燃やしているのと同じなのです。それをこの世界は、来る日も来る日も、来る年も来る年も続けているのです。7500万年かけて蓄積した化石燃料を、いまのままではたったの600年で使い切ってしまいます。

　現在、0.6℃の温度上昇が確認されていますが、このままでは、今日生まれた子どもたちが生きているうちに、二酸化炭素の濃度は2倍になってしまい、温度は最低でも2.5℃は上昇することになります。2.5℃なら大したことはないと思いますか？　最後の氷河期と今日の温度差は5〜6℃しかない、ということを考えてください。

　二酸化炭素の排出を今日やめたとしても、大気中の濃度上昇はすぐには止まりません。今日1000トン排出したとすると、そのうちの400トンは100年後もまだ大気中にとどまっています。そして150トンは、今から1000年後も大気中に残っているのです。

　大半の二酸化炭素が、私たちのエネルギー消費から排出されています。エネルギーを作り出すシステムを一夜のうちに変えることもできません。エネルギーシステムを大きく変えなくてはならないのです。混乱をきたさずにそのように変えることは可能です。しかし、そのためには行動を先延ばしにするのではなく、いますぐ始めなくてはなりません。

京都議定書とその交渉は10年をかけて進めてきたものです。それなのに、我が国の大統領は、参加したくないと言っている。これは残念なニュースです。しかし、良いニュースは、米国の国民はそのような大統領の立場は支持していない、ということです。先週ニューヨークタイムスが行った世論調査では、53％の人はブッシュ大統領の京都議定書に対する立場を支持していません。そして72％が、温暖化対策をすぐに始めるべきだと答えています。

　米国民は京都議定書を支持し、温暖化対策をはじめる態勢が整っています。しかし、ブッシュ大統領の考えを変えるのは易しい仕事ではありません。強力な石油・石炭業界の支持と影響下にあるからです。

　私たちにできることは、米国以外の国に、責任を果たして批准をしてほしいと促すこと。そして京都議定書を発効させることです。ヨーロッパとロシアと日本が批准すれば、京都議定書は発効し、拘束力のある国際条約となるのです。そうすれば、私たちのように米国内で活動している団体が、国民に対して、ブッシュの立場は国際的な動きに逆行しているのだ、これはただざなくてはならない、と訴えることができます。

　京都議定書に反対する人たちは、これまでいろいろな議論を繰り広げてきました。まず科学を盾にしようとしたのですが、この議論では破れています。

　そして今では、京都議定書はよくないのだ、だって、他の国も批准していないだろう？　と言っています。京都議定書の批准が進まなければ、ブッシュ政権のアドバイザーたちは、大喜びで「米国は早期に京都議定書から手を引いて正解だった。ブッシュは最初に"王様は裸だ"と勇気を持って言ったのであり、他国はそれに倣ったではないか」ということでしょう。

　日本や他の国々が、京都議定書を批准して、このブッシュの考えが間違っていることを示してください。みなさんたちの力を借りて、私たちの方もきちんと進めていきたいと願っています。

とても明快で、心に訴えかけるスピーチでした。しかし、デビッドさんの願いも、会場に集まった多くの参加者の熱い思いも、小泉首相には届かなかったようです。日米首脳会談で、小泉首相はブッシュ政権の立場をしっかりと批判することをせず、その曖昧なスタンスは「日米同調」という印象を与えてしまいました。米国のエネルギー長官は、「小泉首相が温暖化防止問題で共同歩調の意向を示したことは、日本は米国支持していることの現れだ」との見解を出しました。「日本がアメリカと同調姿勢をとったことで、京都議定書は死文化」してしまった、という悲観的な見方も広まっています。

でもまだ遅くない！ と思います。何にしても、最後の最期まで「手遅れ」かどうかはわかりません。こんな日にとてもお薦めの本を1冊ご紹介します。私の大好きなケストナーが第二次世界大戦の直後に書いた作品です。『動物会議』（エーリヒ・ケストナー著、岩波書店）。

最初は、こんなふうに始まっています。

　　電報－・・・－あて先　全世界
　　ロンドン会議おわる　話し合いは決裂
　　国際委員会を四つつくる　つぎの会議をひらくことは決定
　　開催地については合意にいたらず－・・・－

読み進めるとますます「まるで今の様子みたい！」と思えてきますよ(^^;)。人間たちが会議ばかりやって、まったく平和な世界に向かって進んでいないことに我慢ができなくなった動物たちが世界中から一堂に会して、会議を開きます。開会の辞をお聞き下さい。

「ぼくたちがここにあつまったのは、人間の子どもたちの力になるためです。なぜか？　人間たちじしんが、このなによりもたいせつなつとめを、ほったらかしているからです！　ぼくたち動物は、団結して、二度と戦争や貧困や革命がおきないことを要求します！」

当然ながら、人間たちは断固として動物たちの望みを拒絶します。動物たち

がどのような作戦を練って、最後に永久平和の条約に署名させることができたか？　とっても楽しいストーリーはどうぞ本を読んで下さい！　最後に翻訳者（池田香代子さん）のあとがきからご紹介しておしまいにします。

　　この作品は、愚行をくりかえす人間社会を座視してはいられない思いにつらぬかれていますが、50年たった今も、事態はまったく変わっていないことに、ほんとうにいやになってしまいます。
　　戦争、難民、飢饉、それらに無力な国際政治。まるきり今と同じです。いえ、世界大戦からなにも学ばなかったのがこの50年だったのか、と思い知らされて、今のほうがより悪い、とすら思えてきます。
　　でも、絶望するのは簡単です。「いやになってあきらめてしまうのは、もっとよくないことでしょう？」とケストナーはしぶとく言い続ける人でした。しぶとさを支えるのは、目くじら立てる対決の姿勢ではなくて、ユーモアと想像力です。
　　この50年の間、私たちの世界は、動物たちとの約束を破って、よくないことをだらだら続けてしまった一方で、ジョン・レノンの歌にも耳を傾けました。「想像してごらん、国境なんかないのだと」（「イマジン」）──これこそは、ケストナーがこの作品で言っていることです。
　　これを書いている今日も、どこかの国のおえらいさんたちが、自分たちがおえらいさんをし続けるという、ただそれだけの理由で、自分たちの国が国際的な平和のための条約に調印することを拒否しました。
　　動物たちは、今日も業を煮やしていることでしょう。でも、いやにならずに踏みとどまる心の力が、私たちにはあることを、この絵本に出てくる動物たちといっしょに確かめたいと思います。

池田さんにお便りしましたら、「これを書いていた日にアメリカ議会が、CTBT（包括的核実験禁止条約）批准を否決しました。それで、最後のところがああなりました」とのことでした。

京都議定書をめぐる動き〜世代間倫理

No. 505 (2001.07.05)

　暑い日が続きます。日本だけではないようですね。「将来、2001年は温暖化がはっきり普通の人にも意識され始めた年として記憶されるのではないか」というメールもいただきました。

　2年前だったと思いますが、ワールドウォッチ研究所のレスター・ブラウン氏が、「我々はずっと地球の温度の推移を示すグラフを『地球白書』や『地球データブック』に載せてきたが、ここへきて大きな温度上昇のために、グラフの上限から飛び出してしまった」と言いました。

　「グラフから飛び出してしまった」というのをレスターは、top off the chart と言ったのですが、通訳していた私は、「図ば抜けて」と訳そうかと思い、いや漢字ならともかく、音で聞いてもわからないだろうな〜、それにここは下らない駄洒落を言っている場合ではない、と思って、「グラフを突き抜けてしまいました」とおとなしく訳したのでした(^^;)。

　今年も「図ば抜けて」暑い夏となり、またワールドウォッチ研究所のグラフのY軸が伸ばされるのでしょうか。そして、ブッシュ大統領が「いちぬ〜けた」と米国の京都議定書からの離脱。「何を馬鹿なことを！」と諭せない（どころか、すり寄る態度もかいま見える）日本。

　何だかドラエモンの世界みたいだな〜(^^;)。

ジャイアン：やだよ、そんなこと。疲れるし、ハラが減っちまう。
　　おもしろくもないし。オレはいちぬけた〜。
のび太：こまったな〜。ジャイアンが抜けちゃ、困るんだよー。
スネ夫：まったくジャイアンのわがままにはいつもながら困るよねー。
　　おい、のび太、ジャイアンに反対だったら反対！って言えよ！
のび太：だってぇ〜。ぼくからは言えないよー。
　　あとで殴られるのもイヤだし。お〜い、ドラエモン、助けてよ〜。

しずかちゃん：たけしさん、あなたは間違っているわよ。
のび太さん、正しいことは勇気を持って言わなくちゃ！

……いろいろな集会や署名活動など、もっともっと伝えましょうという機会もあります！

ネイティブ・アメリカンのイロコイ連邦には、昔から「何をするにも、7代あとのことを考えてやりなさい」という定めがあるそうです。それなのに……と思います。同じアメリカとはいえ、4年後の大統領選挙が思考の時間軸の限界である大統領や、次の四半期までに利益を増やすことでしか社内の場所を確保できない企業の経営幹部、この夏に以前と同じようにクーラーをガンガンつけるためなら原子力発電も仕方ないかという国民の声……。

「世代間倫理」という言葉があります。加藤尚武先生の『環境倫理学のすすめ』（丸善ライブラリー）から引用します。

> 環境を破壊し、資源を枯渇させるという行為は、現在世代が加害者になって未来世代が被害者になるという構造を持っている。加害者と被害者が世代にまたがる時間差をもっている。……
>
> ところが民主主義的な決定方式は、異なる世代間にまたがるエゴイズムをチェックするシステムとしては機能しない。構造的に民主主義は共時的な決定システムであり、地球環境問題が通時的な決定システムを要求しているからである。……
>
> 近代主義が進歩の風を吹かしている間は、未来世代と利害が一致している建前だった。「未来世代はぼくたちよりももっとずっと幸せになれる」という信念が進歩主義であるからだ。進歩主義は、自分で未来世代の生存条件を悪くしておいて、未来世代が自分より繁栄すると信じているのだから、ひどい嘘つきである。先祖の遺産を浪費してしまって、後の世代には何も残さないくせに、おれは子孫のために自動車を発明してやったなどと得意がっているのが現在文化である。

たとえば、放射性の廃棄物を未来世代に残す。決定システムが現在性を持っているから、そのシステムの中では環境汚染の被害者となるかもしれない未来世代からの同意を取り付けることができない。
　地球の生態系が数千万年をかけて蓄積した太陽熱エネルギーをわずか数百年の世代が使い果たしたとしても、未来世代にはそれを阻止すべき相互性を発揮することができない。すなわち相互性の倫理には、現在世代の未来世代に対するエゴイズムをチェックするシステムが内蔵されていない。……
　スペイン人が南米のインディオを大量殺戮したことが、歴史上最大のエゴイズムであるという説を聞いたことがある。イギリスのアヘン戦争の方が悪質だという意見もある。地図の上の征服というエゴイズムはよく見える。これと違って、現在世代の未来世代へのエゴイズムは目に見えない。……
　未来への責任という倫理を、近代倫理の構造的な欠落であると謙虚に認め、そして現在世代は未来の人類の生存のための犠牲を支払わなくてはならない。これが現在世界の最も中心的な課題である。……
　問題は未来世代と現在世代が共存型になることである。すくなくとも現在の文明は共存を現実には否定している。未来人を殺害しようとしている。
　人類が共存の責任を引き受けることがまず肝心だろう。そこから維持可能な地球に向けて、現実的なシナリオを作らねばならない。その責任を引き受けないことには駄目である。

　つい力が入って長くなってしまいましたが(^^;)、ネイティブ・アメリカンの「七代先まで考えよ」という定めは、世代間倫理を実践するための知恵なのでしょう。
　少し前に、坂本龍一さんと「掟」という言葉についてのお喋りをしました。この言葉も、いまはほとんど聞かれませんから「古い世代」のものなのでしょうか。

この「掟」には動詞があることを知りました。

おき・つ【掟つ】先を考えてとりはからう。将来を処置する。

「将来を処置する」って何とも言えない「ナウイ」言葉ですね。「これって、まさに環境意識ですね！」"人類の掟"が必要ですね〜」と話したのでした。

ツバル〜クリスマス島
No. 599 (2001.11.26)

「南太平洋の九つのサンゴ礁の島からなる人口約1万人の国ツバルは、海面上昇による沿岸域の浸食や塩害、洪水、サイクロン、干ばつなど深刻な温暖化の影響を既に受けている。このためツバル政府は国外移住計画を立てている」というニュースを紹介しました。

その後、11月20日にレスター・ブラウンの「アースポリシー研究所」からきたニュースリリースでは、「ツバルの1万1000人の国民を国外移住させてほしいという願いは、オーストラリア政府には拒絶され、ニュージーランド政府に要請をしているが、まだ合意に至っていない」と書いてありました。

この点も含めて、クリスマス島という南の島からクリスマスカードを出すプロジェクト（温暖化による海面上昇をなるべく多くの人に知ってもらうためのプロジェクト）を進めていらっしゃる未分離デザイン研究所の遠藤秀一さんから、メールをいただきましたので、ご紹介します。

　　外務省に依頼し在フィジー大使館経由で確認していただいたところ、在フィジーツバル高等弁務官事務所、在フィジーニュージーランド高等弁務官事務所、ツバル外務省において、ツバル国民のNZ移住計画は合意に至っていないとの回答をいただきました。ただし、ツバル国民がニュージーランドへビザ無しで入国することができるようにする措置は、確か5年ほど前に取り決められています。

　　現地の気象庁長官で僕の友人でもあるヒリア・ババエさんからの話によ

ると、BBCが伝えている話は聞いたことがないが、すでに（勝手に）移住しはじめた人たちもいるとのことです。

　海水面のデータによるところでは、ツバル周辺の海面レベルは1995年に50ミリ高い状況だったのが、98年には-30ミリまで下がり2000年には0ミリに戻っている状況が報告されています。一見すると安心できる数字のようにも見受けられますが、98年から00年の3年間で30ミリも上昇しているという見方もできます。グラフは右肩上がりで進行しているようです。

　前述のヒリアさんは、このようなグラフの見方をすると「あなたもツバルが沈んだ方が良いと思っているの？」と失望感を露わにします。ツバルは温暖化防止を訴える際の大きな材料になることも確かなのですが（現に僕もクリスマスカードのサイトでは写真を数点掲載しています）、暮らしている人たちにしてみれば「そんなに脅かさないでよ！　他に行くところもないのだから」という気持ちが強いのは当たり前のことでしょう。

　僕にとってもツバルは最愛の島国なので沈んで欲しくはないのですが、それを防止する時にツバルを材料にしなければならない時の矛盾というのは常に引っかかるところです。

　しかし、島の浸食は進んでいますし、井戸水にはすでに海水が流入して飲用にはなりません。いずれ農作物へも影響が出始めて、人が住めない島になるのは目に見えています。「環境難民」そこからの小さな抵抗の声がBBCのニュースなのでしょう。アメリカには届いていないと思いますが……。

　しかしツバル国内にも矛盾が起こり始めています。ツバルは自国のドメインネーム（TV）から得た収入で、首都フナフチの道路整備を始めたようです。それを見込んで車の保有台数が激増し、3年ほど前には20台程度だったのが100台以上に増え、朝晩は渋滞が起こっていると言う話を先日取材に向かった記者から聞きました。フナフチを一度でも訪れたことがある人には信じられない話だと思います。ようやく滑走路一本が収まっている島に、車が100台……。

ヒリアさんも運送業を始めたいので車を捜して欲しいと僕にリクエストを出しています。二酸化炭素を出したくないという気持ちは当然彼女も持っているのですが、「生活をしなきゃいけないのよ、歩いては運べない物が沢山あるの」と言ってきています。

　ツバルをはじめとする南の島々は自動車にとっては最悪の環境です。常に潮風にさらされますし、部品も容易には手に入りません。無鉛ガソリンよりも安い有鉛ガソリンが主に使われる事も問題です。その上、フナフチのように狭い島では最高速度が時速20キロメートル程度しか出せないので、エンジンがすぐに壊れてしまいます。

　排気ガスくさいフィジーのようになって欲しくないので、電気自動車の導入の検討を始めています。もしこのようなプロジェクトに興味があり、ご協力下さる方や会社をご存じでしたらご紹介下さい。当座、翻訳を手伝ってくれる方がいるととても助かります。

　今週の土曜日からクリスマス島に向かいます。今年は運搬工程をサイト上で実況中継したいと思っていますので、お手すきの時にでも覗いてみてください。クリスマス島でネットワークに接続できるかどうか未定ですが。

　　　クリスマスカードプロジェクト　　　http://xmas.site.ne.jp/
　　　ツバルを紹介するWeb Site　　　　　http://tuvalu.site.ne.jp/

　以前にもご紹介したサイトですが、まだごらんになっていない方は、ぜひ「真っ青な海を見つめながら思案顔のサンタさん」に会いにどうぞ！
　そして、サンタさんも、トナカイでは運べない荷物もあるようなのですが、せめて排気ガスもくもくではないクルマに乗ってもらえるよう、上記のプロジェクトにご関心のある方、サンタさんの翻訳を手伝ってみよう、という方、上記のサイトからご連絡なさるか、私までメールを下さい。喜んでサンタさんにおつなぎします！

エネルギーってなあに？

No. 438 (2001.04.03)

　環境問題に関わる活動をはじめた最初のころ、何となくわからなかった用語に「エネルギー」という言葉があります。フツーの世界では、エネルギーと言えば、「あの人はエネルギーの塊だね」というように「精力」という意味で使われることが多いですよね。

　環境問題やエネルギー問題に関心のある人は別だけど、普通の人々は「アナタの家のエネルギーの無駄をなくしましょう」と言われても、なかなかピンとこない人も多いのではないかと思います。

　そんな方々に、エネルギー問題で世界的に有名な米国のシンクタンク、ロッキーマウンテン研究所の子ども向けページ、「エネルギーってなあに？」から一部を訳して贈ります。http://www.rmi.org/sitepages/pid468.asp

子どもたちのためのロッキーマウンテン研究所

＜エネルギーって何？　それはどこから来るの？＞
　エネルギーとは"「仕事」をする能力"のことです。だれにとっても、何にとっても、エネルギーとは育つことができる、動くことができるということです。

　赤ちゃんにとっては、健康な食べ物を食べて大きくなることですし、植物にとっては、太陽の光と水を成長するためのエネルギーに変えることです。食べ物は、"蓄えられたエネルギー"なのです。食べ物を食べると、あなたの身体は、走ったり跳んだり、考えたり、ありとあらゆる「仕事」をするために、そのエネルギーを使います。

　私たちはたいてい、エネルギーと言えば他の種類の「仕事」をすることだと考えています。たとえば、人を車に乗せてある場所から別の場所に動かすためにエネルギーを使いますし、建物に照明や暖房を供給するために

も使います。

　あなたの身体が食べ物に入っているエネルギーを使うように、私たちはよく、燃料を使うことでその中に蓄えられているエネルギーをもらいます。自動車を動かすためのガソリンがそのひとつの例です。

　車のエンジンは、ガソリンという燃料に含まれているエネルギーを「仕事」に変えます。車輪を回して、自動車や乗っている人を動かすという「仕事」に変えているのです。人を運ぶために使える燃料はガソリンだけではありませんが、もっとも広く使われているのはガソリンであることは確かです。そして、今日の社会で、もっとも大きな汚染源でもあります。人を運ぶためのそのほかの燃料には、天然ガスやエタノールなどがあります。

　「エネルギーとは、仕事をする能力である」と考えれば、たとえば、「移動」という仕事には、「自動車」その他の手段があって、自動車の燃料として、またさまざまなエネルギーが候補として考えられる。その中で、移動するという目的を満たしつつ、環境負荷がいちばん小さな手段やツールを選べばいい、ということですね。

　私は自分の講演でも「テレビを買うのはなぜでしょう？ あの黒い箱と中の配線がほしいからでしょうか？ 違いますよね、テレビの提供する娯楽や楽しさ、話のネタなどがほしいからでしょう？」という話をします。

　もっとも、昔の田舎では「テレビ」という箱が大事だったりすることもありました。何せ、テレビは大事に箱に入れられて、扉が付いていたりしていたのですから。いまはそんな丁重な扱いは受けていないと思いますが(^^;)。

　ともあれこのように、「目的＝やりたいこと」と「ツール・手段＝そのための方法」を明確に分けることが大切だと思います。「移動」にしても、自動車そのものがステイタスと言う人もいますが、多くの人にとっては「別に自動車を所有しなくても、便利に移動できるなら、それで十分だよ」ということもあるでしょう（ドラえもんの「どこでもドア」が最高の移動手段ですよねぇ！^^;)。

　エネルギーとは「仕事をする能力」と考えれば、仕事ができればエネルギー

をどのように作るかは、その目的とは関係ないですね。では、化石燃料、原子力、大規模水力、風力、ソーラー、地熱、その他いろいろなエネルギー源から、どうやって何を基準に選ぶのか、ということになります。

ところで、ロッキーマウンテン研究所はエネルギー問題では世界有数の研究所で、代表のエイモリー・ロビンス氏とともに、日本語情報にもよく登場します。ご興味のある方は、研究所やロビンス氏の名前で、インターネットで検索してみてください。いろいろな情報が読めると思います。

私は2月にロビンス氏が来日されたときに、はじめて通訳としてご一緒しました。とっても効率的なお話の仕方(^^;)なので、通訳としては冷や汗をかきましたが、飾り気のない、素敵な方でした。

彼が講演などで何度も強調していたのは、「日本でのエネルギー効率化の取り組みは、99％が『変換効率』の向上のための研究開発などで、『最終利用効率』向上の取り組みはほとんどなされていない。そちらの方がずっと効果が高く、向上の余地も大きく、取り組むべきなのに！」ということでした。

ちなみに「変換効率」「最終利用効率」はカタカナでおっしゃったので、一瞬目が点になってしまいましたが(^^;)、日本語でおっしゃるほど、何度も強調している、ぜひ聞いてほしい点なのでしょう。

通訳としてご一緒した最後に、彼がにっこりしながら渡してくれた小さなプレゼント？ があります。直径2センチほどの小さな丸いバッチ。何と日本語で「無駄」という字が書かれ、それに赤で×がついている、というバッチです。

水素を用いる燃料電池搭載のハイパーカーなど、時代の最先端の技術開発に参加していらっしゃるロビンス氏ですが、この「無駄をなくそう」バッチを配りながら、身の回りの無駄をなくすことからだよ、と説いていらっしゃるのでしょう。

ホワイトハウスのグリーン化にも技術顧問として参加し、資源消費量を50％以上削減したという実績を聞くと、バッチにも後光が射して見えます(^^;)。

エネルギー問題を解く簡単な数字

No. 489 (2001.06.09)

　アメリカの方が、「ニューヨーク・タイムス紙にこういうものがありましたよ」と、アリゾナ大学の名誉教授（数学）の「燃料供給を増やすことは空中楼閣に過ぎない」という寄稿を転送してくださいました。とても理が通っていて、しかも「どうしてこんなシンプルなことが政策に反映されていないのだろう」と思うような内容でした。概訳でご紹介します。

　一学期の微積分学の授業で、指数関数の話をしたとき、例として使ったのは、もちろん、「再生可能ではない天然資源の消費量」だった。いまアメリカでは、エネルギー政策をめぐって、国中で議論が行われているので、資源使用量に関して合理的な意思決定をするときに必要な算術について考えてみることは有用であろう。

　授業では、このような仮設的な状況を設定した。たとえば、現在のペースで消費すると100年もつ石油埋蔵量があるとしよう。しかし、石油の消費量は、年に5％ずつ増えていくとする。そうしたら、石油は何年もつだろうか？

　答えは、簡単な計算をすればすぐにわかる。36年だ。「いやいや、埋蔵量を過少評価していました。1000年分、あります」ということになったらどうだろう？　同じく、毎年、消費量が5％ずつ増えていくとしたら、何年もつだろうか？　約79年である。

　現在の埋蔵量をどのくらいに見積もるかによって、何年もつかはもちろん違ってくるが、だいたい100年以下であろう。しかし、この分析の重要な点は、「その見積もりがどうであるかは、関係ない」ということである。つまり、アメリカのエネルギー問題を供給側から解決しようとしても、うまくいかない、ということだ。

　計算をしてみればわかるが、もしエネルギー消費量が年率5％ずつ増える

としたら、供給可能な量を2倍にしたところで、その消費量の増加率を半分にした場合ほどの効果は生み出さない。現在の埋蔵量がどれほどかにかかわらず、現在の消費増加率が続くなら、その埋蔵量を2倍にしたとしても、せいぜい14年ぐらいの延命しかできない。

　他方、消費量の増加率を半分に抑えれば、その供給の"寿命"は、ほぼ2倍にできるのである。

　このような数学的な現実は、単に供給増加によってエネルギー問題を解決しようと強く押している政治家たちには、どうもわかっていないようである。発電所を増やし、より多くの石油を採掘しようというのは、まったくもって誤ったことである。なぜならば、ますます消費量を増やすことになるからだ。

　我々が悲惨な結果を避けようと思うならば、「エネルギー消費量の伸びをゼロにする」「消費量を減らす」という政治的意思を見つけなくてはならない。

　おそらく、石油の消費量そのものを減らす必要はないかもしれない。しかし、消費量が増大するスピードは落とさなくてはならない。そうでなければ、我々の子孫は、悲惨な世界に取り残されてしまうだろう。

　私も講演で、「最低でも、経済成長率3％はほしい、とよく言われます。大した数字ではないと思えるでしょうけど、これは20年で2倍になる率なのです。今ですらあちこちで地球の限界にぶつかっているのに、20年後に日本経済や世界経済が2倍になっている、ということは、ほとんど考えられないと思います」という話をします。この「複利」って、数字は小さくてもとても大きな影響を与えるのですね。

　ブッシュ政権の方々が、ニューヨーク・タイムスを読んでいらっしゃることを祈っています(^^;)。

日々の収入で暮らす：エネルギーの場合

No. 548 (2001.09.05)

　昨日富山県の高岡市で、『～時代の風を読む～　環境とエネルギー、そしてビジネスのサバイバル』という演題で講演をさせてもらいました。「バイオマスがやっと新エネルギーに入ります」という（政府での）定義の話や、風力、ソーラー、バイオマス、燃料電池、水素経済が世界でどのように展開しているか、という話をしました（こう言うとき、自分の関連ニュースにデータなどが載っているので便利だなぁ、と思います^^;)。

　エネルギー話の最後に、「大局的にどういうことか？」という私の考えを話しました。「エネルギーの話は、資源と廃棄物の両面があります」として、資源の話としては、「経営者であれば、または家計を考えれば、遺産を食い潰して生活するのと、日々の稼ぎで生活するのと、どちらが持続可能か、わかりますよね？」。

　そして、「今は化石燃料という遺産を食い潰して生活しているのが、エネルギーの現状です。7500万年分の遺産を、1日300年分ずつ燃やしている速度ですから、このままでは600年しかもちません」。

　「石油の可採年数が50年と言う人もいれば、650年あるから大丈夫と言う人もいる。でも、45億年という地球の歴史と、今後50億年は続くと言われる地球の将来を考えれば、50年も650年も同じです。ほんの一瞬のことです。たとえば、650年分あるから、いまのまま石油や石炭や天然ガスを取り続けてよい、というのはどうでしょうか？」と。

　廃棄物については、「バクテリアが絶滅したシャーレの謎」の話をしました。シャーレにバクテリアと栄養分を入れたら、バクテリアが急激に増殖したあと、パタリと絶滅してしまった。多くの人が食べ物がなくなったからだろう、と言ったが、調べてみると、栄養分はまだ残っている。バクテリアは自分たちの出す廃棄物にやられて死んだのだった」という話です。

　化石燃料がなくなったからではなく、化石燃料を燃やして出る二酸化炭素な

どが引き起こす温暖化その他の問題で、化石燃料を使えなくなる、または生存ができなくなるのではないか、とお話しました。「石器時代が終わったのは、石がなくなったからではない。同様に、化石燃料の時代が終わるのも、化石燃料がなくなるからではない」ということです。

そして、「これからのエネルギーの考え方」として、二つ挙げました。

ひとつは、「日々の収入で暮らす」ということです。とすると、ソーラー（風力なども含む。太陽光で温められた空気の温度差によって風が吹くからです）です。太陽光だけが、地球の外部からやってくるエネルギーのインプットであり、地球の地質的なスケールで考えても、ほぼ無限にあると考えられます。ソーラーという「日々、外から無限に提供してもらっている収入をいかに有効に使うか」。

「日々の収入で暮らす」ための鍵を握っている（そして、注目されるようになってきている）もうひとつが、「エネルギー作物」という考え方です。たとえば、ディーゼル油になる菜種もそうですし、バイオマスエネルギー源として用いる木や非木材作物もそうです。

日本ではまだあまり「エネルギー作物」という言い方は広まっていませんが、ヨーロッパなどでは「畑にエネルギー作物を栽培して、一年生なら1年後に、木なら数年後（生育の早い樹木を使う）などに、収穫して、エネルギーに転換する」ということが大規模に始まっています。

もうひとつの「これからのエネルギーの考え方」は、「必要なところで発電する」ということです。会社やホテルで自家発電をするところは、燃料電池その他の開発でますます増えるでしょうし、あと2～3年で、家庭でも発電し、熱は熱で利用するコジェネレーションのしくみが50万円ぐらい？ででてきそうです。

ロッキーマウンテン研究所のエイモリー・ロビンス氏の進めている「ハイパーカー」は、自動車の燃料電池を使って、自動車が駐車している間に発電ができます。「自動車を実際に運転しているのは4％ぐらい。残りの96％の時間、ただ鉄の塊として置いておくのではなく、発電所として使える。その売電で、自動車の購入金額をまかなえるかもしれない」という素敵な話です。

ところで、昨日の講演会に呼んでくださった方は、ちょうど2年前の9月に、私が最初の講演を富山でさせていただいたときの主催者でした。2年前には最初の講演ということで、大はりきり。盛りだくさんの内容を早口で喋ったので、終了後「参りました！」と言われちゃったほどです。

昨日は最初にその話をして、「今回は参らせないように、と思いましたが、中小企業の環境への取り組みとエネルギーと、各2時間かかる内容を、合わせて一時間半でという注文なので、やっぱり早口になりますよ〜」と(^^;)。

ちなみに「早口」は通訳者になくてはならないスキルです。英語で話された同じ内容を日本語で言おうとすると、1.5倍ぐらい時間がかかります（同音異義語が多い、丁寧な言い方になるなどの理由）。同時通訳者は、それを「同時」に通訳しなくてはならないので、話し手の1.5倍は早口になる。毎日、早口で喋る訓練をしているようなものなのです。だから私も得意です(^^;)。

案の定、終了後の懇親会で、「またやられちゃいました」と言われちゃいました(^^;)。

日本に水素スタンド誕生？〜燃料電池 〜海外のエコエネルギー事情

No. 533 (2001.08.14)

「経産省が、来年度から京浜地区など3ヶ所以上に、燃料電池車用の水素スタンドを設置する予定」というニュースを読みました。ドイツにはしばらく前から、ガソリンステーションならぬ「水素ステーション」があると聞いていましたが、ついに日本にも登場！するのですね。

海外の「新しいエネルギー事情」をホットワイアードのサイトから少しばかりご紹介します。

○「ドイツで"ソーラー革命"が起こった原因は、電力不足への怖れでもなければ、ガソリンや電気代が高値になったことでもない。経済的なインセンティブの導入が効を奏したのだ」と、太陽光利用が急伸するドイツのエコエネル

ギー事情とその背景を解説したページがあります。

http://www.hotwired.co.jp/news/news/20010711304.html

　日本は技術力はとても高いのですが、このあたりの経済的なインセンティブの使い方にもじょうずになってほしいなぁと思います。

　○「太陽がいっぱいのドミニカ共和国で活躍する太陽光発電」

http://www.hotwired.co.jp/news/news/20010710307.html

　蓄電には自動車用バッテリーを使っているようです（そのうち、定置型の燃料電池装置になるのかな？）。地方住民たちは、地下水をくみ上げるポンプから携帯電話の充電まで、あらゆることを太陽エネルギーで行っているそうです。

　現在、"送電線につながっていない"人々は、世界中に20億人いる、とレスターもよく言いますが、そのような「現在取り残されている人々」が、巨大な発電所と、せっかく使った電力を送電ロスで減らしながら延々と続く送電線をぴょんと飛び越えて、再生可能エネルギーによる電力にいっきょに進みつつあります。

　これを leapfrog（カエル跳び）と言いますが、先進国は、言ってみれば、馬跳びの馬になっているのですねぇ(^^;)。たまには途上国の役に立つんだなぁ、なんて言っていたら、「将来にわたって面倒を見なくてはならない原子力やその他の巨大発電所やダムを抱えている我々なんて、あっという間に抜かされちゃいます」と言う声も……。

　○「太陽と風力で動くクリーンなフェリーが登場」

http://www.hotwired.co.jp/news/news/technology/story/20000705301.html

　太陽エネルギーと風力を動力とするフェリーで、ほとんどのエネルギーを、屋根の上に傾斜して並べられたパネルから集めているそうです。静かで環境を汚染しないフェリーです。この船を思いついたのはデーン氏というお医者さんだそうですが（もうお医者さんはやめて、フェリーの売り込みに忙しいとか）、彼のステキなビジョンを。（上記の記事より引用）

　　　将来、天然ガスを燃料にする発電機の代わりに、海水から水素エンジン

の燃料となる水素を製造する装置を取り付け、この船を、リニューアブル・エネルギーのみで動く船にしたいと考えている。

さらに、彼の船は本質的には動く発電所なので、東ティモールのようなインフラが荒廃した場所で、即座に電力を発電するのに利用できると彼は言う。

彼は自分のコンセプトを示すためにシドニー港の船をつくったが、この技術は簡単に大型化できると指摘する。太陽エネルギーを利用した自動車の場合は、増えたバッテリーの重さが、ソーラーパネルからの取得エネルギー量を相殺してしまうが、水上ではその逆の原理が働くためだ。

「船体が大きければ大きいほど、良く機能する。船の場合には、バッテリーは船のバラストとして望ましい。最終的には、海の上を漂って、風と太陽からすべてのエネルギーを供給するような水上都市だって建設できるだろう」とデーン氏。

日本にだって、夢のある取り組みがいろいろとあります。たとえば、

　　牛小屋の屋根を市民共同発電所に……
　　http://page.freett.com/trustjp/kusima/usigoya-p.html
　日本で最初の市民共同発電所「ひむか1号」のある宮崎県串間市に、「太陽光・風力発電トラスト」が、新たな取り組みとして一次産業との協力で新たな市民共同発電所を作ることになりました。
　ここの屋根は、強化FRPの波板で葺かれていますけど、何と南向きの面だけで400平方メートルはあります。実に広い……、と言う事は全部載せれば40kwのシステムが載るんですよ。12～3軒分の家の電気が作れるんですが、一度に全面に載せるのは無理なんで、手始めに家庭用の3kwシステムを載せて、順次、資金が集まり次第、増設しようと考えています。
　で、同じメーカーのものを載せても面白くないので、各社の製品を載せようと思います。

http://page.freett.com/trustjp/keiii-hatudengenka3.html

http://page.freett.com/trustjp/keii2.html

　それから、2年ほど前に聞いて、とっても楽しみにしている技術があります。「雑草から水素を取り出す」研究です。雑草を水につけておくだけで水素が発生するそうです。

　暑い夏に、汗をかきながら庭の草むしりをしていらっしゃる方もいるでしょう。5年か10年後には、「草むしり」なんて古語になっていて、「お庭で水素の原料摘みですか〜？　精が出ますなぁ」な〜んてね(^^;)。

水素は二次エネルギー〜雑草からの水素
No. 536 (2001.08.22)

　水素エネルギーについてのニュースに、「燃料電池の水素は二次エネルギーですからね〜！　ここを押さえておいてくださいね」というフィードバックをいただきました。

　昨年、燃料電池のニュースを書いたときにも、三和総研の斉藤栄子さんから、「燃料電池に必要な水素をどうやってつくるか、わかっていて議論しているのか、気になります。専門家は当然知っているのですが、あちこちで夢のエネルギーのように捉えられているように思えてなりません。水素を使うにはどこかで水素を作る必要があり、すごいエネルギー使います。人々は、水素って水から作るから、無尽蔵と思ってません？　水素と酸素→水とエネルギーと言うくらいですから、水素を水から作ろうと思うと同じ分のエネルギーがいるわけです」というコメントをいただいていました。別の専門家からも、「水素は二次エネルギーなのです。つまり、水素を作り出すためにはエネルギーが必要になります。それを何にするかですが……」とのご指摘。

　確かに、石油を燃やす火力発電所や、原子力発電所で作った電力を使って、水を電気分解し、水素を作るということもありうるのです。その場合「水素＝

クリーンで環境にやさしい」と言えるのかどうか？

「水素クン、あなたはどこから来たの？」と聞いてみなくてはなりませんね。いまの電力と同じです。クリーンでグリーンな電力もあり、そうでない電力もあります。「電気＝環境によい／悪い」では語れませんよね。

ワールドウォッチ研究所では、将来的には、豊富な風力発電（特に夜間の需要の低い時間帯など）を活用して、水素が供給されるようになると考えています。レスター・ブラウン理事長が「21世紀には、内モンゴルや砂漠地帯が、20世紀で言うサウジアラビアになるだろう」と言うのは、風力やソーラー発電によって、水素を製造し、世界に供給できるようになるほどの未活用資源（風や太陽光）があるということです。

つい最近、「宇宙開発事業団とレーザー総合技術研究所が、将来のエネルギーの主役と言われる水素を作る方法として、宇宙空間に巨大な集光装置を浮かべ、太陽光をレーザーに変えて利用するシステムの研究開発に、共同で乗り出す」というニュースがありました。

「地上のように天候に左右されず、安定して太陽光を受けられる宇宙空間で、レンズや鏡を使って太陽光を一点に集め、レーザー発生装置でレーザー光を作り出す。こうして作ったレーザー光を、海上などに設置する光触媒装置めがけて照射し、水を水素と酸素に分解する」とのことで、宇宙にかけるロマン？ というか、壮大な計画のようです。

夢物語のようですが、そのためには大変な建設やメンテナンスが必要なのだろうなぁ、と思います。そこで、水素を得るメリット以上に環境負荷を増大してしまったら、何をやっているのかわからなくなります。そのあたりも押さえて、展開を見守っていきたいなと思います。

原子力発電をめぐる議論で、「原子力発電は二酸化炭素を出さないから環境にやさしい」という論陣と、「建設や廃炉、その後の核廃棄物の処理などにかかる環境負荷を考えれば、操業中の二酸化炭素排出量が少なくとも、結局は環境にやさしくない」という論陣があります（これほど堂々巡りを続けている議論も珍しく、どうしてなのだろう？？？ といつも思います）。

「水素エネルギー」を考える上で、「どうやってその水素を作るの？」というところを忘れずにチェックしていきたいと思います。さて、[No.533]でご紹介した「雑草から水素」に、何人もの方から関心が寄せられたので、藤原直彦さん（東京ガスPEFC・水素PG）に情報源を教えてもらいました。東京ガスのフロンティア研究所で行っている研究で、水素がぶくぶく出るところも見られます、とのこと。(http://www.ftken.com)

HPを見ると「微生物の準備や、光やその他のエネルギーの供給がいらない、非常にシンプルなものです」とのこと。他の水素製造方法に比べて、二次エネルギー生産のためのエネルギーが少ないのかな？　発生する水素をどうやって集約するかなどの点できっと研究開発が続けられているのでしょう。

「雑草100キログラムから発生する水素で一般家庭一日分の電力をまかなえます。また水素が出終わった後の残りを肥料として再利用したり、さらにメタンを発生させることも可能です。このようにして、今は捨てられている物から、できるだけエネルギーを回収し、地球環境にやさしい循環型社会システムを作ることが私たちの目標です」とのこと。

宇宙からの水素を使うのか、ガス管で送られる天然ガスから水素を取り出すのか、風力発電で水から水素を取り出すのか、雑草からの水素を使うのか……。5年後のエネルギー事情は大きく変わっているのでしょうね。

今後のエネルギーのもうひとつのキーワードである「分散型」もにらんで、これからの展開を見ていきたいと思います。

フロンの話
No. 534 (2001.08.20)

フロン問題に関する集まりをご案内しようと思って、少しばかりフロンの説明を付け加えておこうかなと思ったら、長くなってしまったので、まずこちらだけ、送ります(^^;)。

ちなみに、「フロン」というのは、クロロフルオロカーボン（CFC）のことで

すが、英語では「フロン」とは言わないし、言っても通じないことが多いので、要注意です。「CFC」「CFCs」ということが多いです。

フロンがなぜ、どのように問題なのか、少し整理しておきます。

椿宜高氏の『大絶滅時代における生物多様性研究』から、少し背景を引用させていただきます。

> 今日、人間がこの地球上にあるのは、生命誕生以来40億年をかけた生物の進化の結果である。嫌気性の微生物の発生の後、光合成を行う微生物、次に植物が誕生し、地球の大気環境を無酸素状態から酸素が20%を占めるまでに変化させてしまった。さらにはオゾン層が形成され、有害な紫外線がシールドされた結果、生物の陸上への進出が可能となったのである。
>
> http://www-cger.nies.go.jp/cger-j/c-news/vol9-2/vol9-2-4.html

私たちが陸上で暮らせるのは、「オゾン層のお陰で、有害な紫外線がシャットアウトされている」からなのですね。私たちは地上に生きているのを当然のように思っていますが、実は40億年もかけて、いろいろな生物が進化し、大気中の酸素を増やし……と住めない場所を住める場所に変えてきてくれたからなのです。

さて、その「有害な紫外線」ですが、太陽から届くいろいろな光のひとつで、目には見えない「視外線」(^^;)であります。そして、強いエネルギーを持っている。エネルギーの弱い方から、A波、B波、C波があり、特にB波とC波が有害です。殺菌などに使われるぐらいですから、生物に影響を与える強い光であることがわかります。

そして、その紫外線を防いでくれているオゾン層。地上から約10〜50キロメートルの成層圏にあります。このオゾン層、地上付近（約1気圧）まで下ろしてくると、厚さは約3ミリにしかならないそうです！こんなに薄い層が私たち地上の生き物を守ってくれているのです。

アースデーフォーラムでの宇宙飛行士の毛利さんの「地球がりんごだとすれ

ば、その皮の厚さにすべての生物が住んでいることになります」というコメントをご紹介しました。りんごの皮に生存している生物たちを、目に見えないほどの薄い膜が紫外線から守っているのですね。多くの進化が重なった稀なる偶然の結果、地球には生命が存在し、私たちも生きているのだなぁ！と、本当に不思議な気持ちがします。

　そしてそのオゾン層を破壊するのがフロンです。フロンとは、炭化水素の水素を塩素やフッ素で置き換えた数多くの物質の総称です。20世紀になって発明されました。先に挙げた、そして問題になっているCFCは、この中でも水素を含まないものです。

　フロンは他の物質と反応せず、それ自体はほとんど無害です。そのような性質を「長所」として、便利な現代生活を支える物質として、あちこちで使われるようになりました。たとえば、冷蔵庫やエアコンの冷媒、電子回路などの精密部品の洗浄剤、クッションやウレタンなどの発泡剤、スプレーの噴射剤などです。

　パソコンを使えるのも、冷蔵庫から冷たいビールを出せるのも、涼しい車内でドライブできるのも、フロンのおかげなのですね。で、そのフロン、大気中に放出されると、化学的に安定していて分解しないので、そのままの形で成層圏までいってしまいます。そこまでいくと、太陽からの強い紫外線を吸収して分解し、塩素原子を放出します。

　この塩素原子が、成層圏にある薄い薄い膜を形成しているオゾンを分解してしまうのですねぇ。しかも、塩素原子1個がオゾン分子数万個を破壊してしまうという、大虐殺状態。(＿＿;)

　ということで、オゾン層が破壊され、薄くなったところから、地上に届く紫外線B波が増えてきました。このオゾン層の「穴」、オゾンホールですが、1979年にはほとんどなかったのに、その後、毎年大きくなり、1985年には、南極大陸の面積を超えました。この年にイギリスのファーマンらが、はじめてオゾンホールを発見したことを発表しています。

　その後も、オゾンホールは毎年大きくなっており、2000年には過去最大の面

積で南極大陸の約2倍以上、日本の面積の約70倍もの大きさになりました。フロンは放出されてからすぐにオゾンをやっつけるのではなく、長い時間をかけて、成層圏に達し、それからやおら、オゾンを破壊し始めるのです。だいたい15年後ぐらいと言われています。

　ということは、いま成層圏でオゾンを破壊しているフロンは、70年代〜80年代にかけて排出されたものなのですね。CFC及びその代替物質の有する温室効果（IPCC1995年報告書等）のグラフに、フロン等の寿命が載っていました。

　http://www4.plala.or.jp/JASON/ozone/t2ozone4.html

　CFCは、50年、102年、85年と書いてあります。自動車修理工場の人に「カーエアコンからのフロン回収」の話を聞いたことがあります。回収用ゴムチューブの先を抑えている指がちょっとずれちゃうと「シュッ」と出ていっちゃう、と。そのフロンが、その修理工場の人も、その自動車の持ち主も、もうこの世にいないであろう100年後になって、成層圏で悪さをするのですね。

　代替フロンにはもっと「長寿」のものがあります。3200年、1万年、5万年というものも。半導体製造用など、工場で使われるものが多いので、分子1個たりとも外に出さないよう、きちんと管理しているのだと思いますが、それにしても、1万年後、5万年後の地上の生物に恨まれるようなことをしていなければいいのですが……。

　ちなみに、1万年前に人類は定住生活に入り、農業を始めたと言われています。そのときの人類が、「1万年後」に毒素をばらまくような物質を使っていなくてよかったなぁ〜と思いません？

　1987年に「オゾン層を破壊する物質に関するモントリオール議定書」が採択され、90年に規制強化をして改正されました。対象は、15種類のCFCと5種類のその他のオゾン層破壊物質です。このように規制がかかったので、放出されるオゾンは減っています。これまでの「フロン放出のピーク」は1989年と言われています。ということは、その15年後とすると、「オゾン層破壊のピーク」がやってくるのは2004年ごろでしょうか。これまで影響を与えているフロンの倍以上のフロンが「これから」成層圏に達して破壊を始める、とも言われています。

オゾン層破壊の問題は「これから」の問題なのです。

　あるHPに「悪さをしないように、空中のフロンを集めることはできないの？」と言う子どもの質問に、次のような答えが載っていました。

　「大気中に一度出てしまったフロンを集めることはできないんだよ。例えば、水をはったプールの中にインクを一滴落としても、そのインクをもう一度集めることはできないよね。それと同じことなんだ」。フロンでも二酸化炭素でも有害物質でも、何でもそうなのですよね。一滴落とすのは簡単だけど、落としてしまえば、もう戻ってこないのです。アラジンの魔法のランプみたいに、出ていっても、「戻れ！」と言えば戻ってくるのならいいのですが…。

　環境関係の国際会議の通訳をしていたり、海外の人と話をしていると、同じ「地球環境問題」でも、国によって、意識や対応に温度差があるなぁ、と思うことがあります。このオゾン層の破壊の問題も、その一つです。

　日本では、オゾン層の破壊を「どこかずっと上の方の、遠いところの問題」と感じている人が多く、「自分の身に降りかかっている問題」とはあまり思っていません。

　南半球のある国の人は、「通学するにも、首筋がでないよう、頭からすっぽり覆うような頭巾を子どもにかぶらせているのよ。紫外線がコワイから」と言っていました。「日本の人は全然気にしていないのね。日本には紫外線がこないのかしら？」と言っていましたが、同じように「降りかかっている」はずですよね。

　この紫外線の人間への影響としては、真っ赤に焼けるひりひりとした炎症が短期的に起こり、皮膚ガンや失明、免疫低下などが増えると言われています。日本では「紫外線から子どもを守りましょう！」というキャンペーンや取り組みはあまり聞いたことがありませんが、米国の環境保護局のウェブには、学校向け（教師向け、子ども向け、親向け）の「SunWise」というプログラムあります。(http://www.epa.gov/sunwise/)

　「Be SunWise」という「太陽のこと（＝紫外線）について賢くなろう（＝気をつけよう）」というプログラムで、「オゾン層が破壊されている今日、紫外線から

身を守る必要があります。こんなことに気をつけましょう」と書いてあります。
○午前10時から午後4時までの太陽光線がいちばん強いので、できるだけこの時間には陽にあたらないこと。
○できるだけ日陰に入ること。
○忘れずに日焼け止めを使うこと。SPF15以上のものを2時間おきに塗ること。
○帽子をかぶること。
○織り目の詰まった長袖、長ズボンがいちばん。
○紫外線を99〜100%カットするサングラスをかけること。
○人工的な紫外線（日焼け用）を避けること。

オーストラリアでも「まず自分と家族の身を守りましょう」と、「長袖、ローション、帽子、サングラス」というスローガンで家庭に訴えているとか。ほかにも、学校の校庭全部を布製の天井で覆って、子どもが安心して外で遊べるようにしているというところもあります。

日本にいる私たちには「実はそこまで心配しなくてはいけないのかしら？」と思うほど、政府や学校、家庭での対策に真剣に取り組んでいる国も多いのです。

日本のストップ・フロン全国連絡会のHPに、フロンやその問題について、わかりやすい解説ページがあります。(http://www4.plala.or.jp/JASON/index2.html)

「子どものころに浴びる紫外光量は成長した後の健康にとっても重要ですか？」という問いへの答えを引用します。「その通りです。子どもは特に紫外光を浴び過ぎないように気を付けなければなりません。子ども時代の日光浴はできる限り避けるべきだと言えます。幼年期の紫外光照射、特に日焼けは後の皮膚がん発生率を飛躍的に高めてしまいます。（特に基底細胞がんや黒色腫になる危険がある）」

紫外線の害に敏感な欧米では、その原因であるフロンに対しても、日本より厳しい規制をとっているようです。たとえば、フロン使用の冷蔵庫を捨てると、ドイツでは350万円、アメリカでは250万円、イギリスでは400万円の罰金とか。

フロンの対策が遅れていた日本でも、2ヶ月ほど前の6月15日に、「フロン回

収・破壊法」が成立しました。フロンネットのHPからご紹介します。
http://www4.plala.or.jp/JASON/fnet/fnet.html

　さて、「法制化」という目標が達成されたとはいえ、今回成立した法律はカーエアコンと業務用冷凍空調機器の冷媒の回収、破壊を義務づける限定的な法律です。また、対象物質にはCFC、HCFC、HFCと代替フロンまでが盛り込まれることになりましたが、これも市民案から比べれば限定的なものです。また法律の内容においても、施行時期や費用徴収方法が先送りされている、と言った問題点も残されています。

　今回の法制化はフロンの大気放出を止めるための大きな第一歩となりましたが、フロン対策全体から見れば、ようやくスタートラインに立ったところだとも言えましょう。オゾン層保護や地球温暖化防止の様々な課題を解決していくためには、これをきっかけにして次のステップに進んでいくことが必要です。

昨年の夏にも、「東海豪雨で水没して家庭から出された冷蔵庫、クーラーのフロンガスはすでに大半が大気中に放出されました」という報告がありました。15年、20年後にそのフロンが……。

もうじき夏休みが終わり、小学校でも2学期が始まります。私が子どもの頃は（そして今でも多くの学校でそうでしょう）、始業式の日に、担任の先生が教壇から子どもたちの顔を眺めて、「皆さん、真っ黒に焼けましたね！　外でたくさん遊んで、いい夏休みだったのでしょう」とうれしそうに言ってくれたものです。

これからは（そして今でも実は）、「健康そうに日焼けした子ども」を見ると、「あら〜、この子のDNAはだいじょうぶかなぁ？　大きくなって皮膚ガンにならないといいのだけど〜」と心配をしなくてはならないのでしょうか？

それにしても……と思います。進化の過程で、生物が陸上で生きられるよう、長い年月をかけて作りだしてきた、これがないと生きられないという命を守る

「オゾン層」を、進化の最先端にいると言われる人類が、この50年ほどの間に、あとのことを考えもせずに、スポスポと穴を開けて壊している……。40億、50億年という地球の時間からみれば、これはどういうことなのだろう？ と思ったりします。

新しいタイプの技術～バイオミミックリー

No. 507 (2001.07.06)

　衣類の洗濯をするときに、「洗剤って、味の素みたい～」と思ったりします（いえ、お鍋に洗剤を入れたり、洗濯機に味の素を入れたりしてませんが！ ^^;）。昔から母が味の素を使わない人なので、我が家にも味の素はありませんが、何となく「量に応じた効果がわからなくても、とにかくパッパッと振り入れると安心」というイメージがあるからです。

　余談ですが、講演でときどき「味の素売上倍増計画に倣おう！」という話をします。これは有名な実話だそうですが、味の素の売上を何とか増やしたい、というときに社員からアイディア募集をしました。そして採用されたアイディアが効きました！ どういうアイディアだったでしょう？

　「味の素のフタについている穴を大きくする」というものでした！ 味の素を使う人は、厳密な量を測って使うわけではなく、パッパッと「2回振る」とか「いや、私は3回振る」という、ある意味"習慣"で実際の消費量が決まってくる。「そういうことってけっこうありますよね？」と講演ではお話しします。「それなら、こっそりフタの穴を小さくすれば、使っている本人は気づかずに（＝満足度を下げずに）環境負荷を下げることができます」。

　たとえば、部屋に入ったらまずクーラーのリモコンに手が伸びる人には、クーラーの温度設定を1度上げておく。水道の蛇口に節水コマをつけておく。「トイレの水タンクにビール瓶を沈めておく」と、同じようにレバーを引いても流れる水量が減るとも聞きました。

　洗濯機に入れる洗剤も、洗剤の箱に適切な量が書いてありますが、実はあま

り気にせずに、「感覚的に適当に」入れたりします（私だけかな？ ^^;)。身体の水分を拭き取っただけのバスタオルや、手拭きタオル、Tシャツなどは、「洗剤、いるのかなぁ？」と思うこともあります。合成洗剤か、粉石鹸か、という洗剤の質ももちろんですが、使うこと自体必要なのかなぁ？　と。それでも洗剤のテレビCMの刷り込み？で、洗剤がないとキレイにならない気がしたり。

　ということで、先月下旬に三洋電機が発表した「洗剤のいらない洗濯機——超音波と電解水で汚れを落とす」に、熱く注目しています。一度、家電店に見学に行ってみようと思っています。こういう「技術開発」はいいですね（洗剤メーカーにはウレシクないかもしれないけど）。「もっと使え～」の方向への新技術ではなく、技術のおかげでこれまで必要だったものが必要でなくなる、というのはいいな、と思います。

　「これもいいなぁ」という記事が、7月4日の日経夕刊にありました。
　「温度で透明度変わる"知能ガラス"」富士ゼロックスは温度を感じて透明度が変化する「知能ガラス」を開発。ビルや住宅の窓ガラスに使えば、省エネ効果も、ということです。この知能ガラスのしくみはわかりませんが、これを読んで、小学生のころを思い出しました。私は本の読み過ぎで小学4～5年に目を悪くしましたが、「仮性近視のうちは、訓練すれば治る」と言われて、いくつかの訓練を習いました。

　そのひとつが「目をつぶって太陽に顔を向ける」。すると、まぶしいので瞳孔を小さくしようと虹彩がぎゅっと縮もうとする。そのとき水晶体の筋肉も鍛えられるので、近視が治る。

　これが本当かわかりませんが（私の近視は治りませんでしたが ^^;)、言われたとおり目をつぶって太陽に顔を向けると、自然に虹彩が縮むのはわかりました。不思議だなぁ～、でも同じように窓ガラスも、まぶしければぎゅっと虹彩？を縮めれば、部屋に光が入らず涼しくなるのだろうなぁ～、と思います。「知能ガラス」というより「反射反応ガラス」という感じですが(^^;)。

　次は自動車です。日産のシルビア・コンバーチブル"Varietta"のフロントシートの生地「モルフォトーンクロス」について、先日、ある方に教えてもらいまし

た。去年の夏、私は何かのはずみで(^^;)、「世界の蝶博覧会」という大きなテント張りの会場に足を運んでいたので、「モルフォ」という言葉に、即座に反応しました。

その博覧会の目玉が、無数のモルフォ蝶からなる展示だったのです。そのコバルトブルーの色は、とても不思議な輝きでした。南米アマゾンに生息する蝶で、「宝石」に例えられる、と書いてありました。そして「この美しい色は、蝶の羽根自体の色ではない」と、これまた不思議な注釈が添えられていました。

私は、展示責任者の方を探して、「これはどういうことなのですか？」と尋ねました。「羽根自体に色はついていないのです。このコバルトブルーの色は、羽根の細かな鱗片の構造に光が反射して、このように見えるのですよ。近くへ行って、蝶に光が射し込まないように手で囲ってご覧なさい」と教えてくださいました。

やってみたら本当にそうでした！　妖しいコバルトブルーに輝く蝶の標本を手で囲って見ると、色が消えてしまうのでした。本当に不思議でした！

それで、日産のクルマに採用された「モルフォトーンクロス」とは？「モルフォテックス」という、世界初のモルフォ蝶の発色原理を応用した繊維を織込んだ「繊維が光の干渉によって発色し、濁りのない澄んだ色が得られ、見る方向によって光の干渉度が変わり色調が変化する」（カタログより）生地です。

ちなみに共同開発した「帝人」によると、「染料や顔料を使わないことにより、染色廃液の低減や染色工程でのエネルギー資源（水、電気など）の節約も可能であり、また、染料や顔料による肌かぶれなどの可能性もないなど、人と地球環境に配慮した次世代の繊維として大きな可能性が期待できる」とのこと。

「クラレ」もモルフォ蝶の原理を応用した生地「デフォール」を作っているそうです。こちらのHPにモルフォ蝶の美しさの秘密が解明されています。

「モルフォ蝶の美しさの秘密は、電子顕微鏡写真でしか見られない羽根の微妙な構造にあったのです。羽の鱗片の表面はスリット状のひだが規則正しく平行に並んでいます。そのピッチは約0.7ミクロンです。その断面を見ると、約0.2ミクロンのピッチで梯子状に9～10の段を持っていることがわかります。この段の

部分で光が屈折反射して干渉により発色し、さらにスリット間で一層強い発色となって、あのコバルトブルーのあやしいまでの美しさが生まれ、我々を魅了するのです」とのこと。

　環境の分野で、アメリカでは大きな潮流のひとつになりつつあるのですが、日本ではまだほとんど聞かれないコンセプトに、「biomimicry」があります。「bio」は生態系とか生物。「mimicry」は「真似ること」です。日本語にはまだ定訳がないので、「バイオミミックリー」とカタカナで書いておきます。

　http://www.biomimicry.net/から、その定義をご紹介します（原文は英語）。

　　バイオミミックリーとは、人間の問題を解決するために、自然のモデルを研究し、自然のデザインやプロセスを真似る、またはそこからインスピレーションを得る新しい科学です。たとえば、葉っぱにインスピレーションを得てソーラーセルを作るなど。
　　バイオミミックリーではエコロジーの基準を用いて、私たちのイノベーションの「正しさ」を判断します。38億年にわたって進化を遂げてきた自然にはわかっているからです。何がうまく機能するのか。何が適切なのか。何が長続きするのか。
　　バイオミミックリーは、自然を見、評価する新しい方法です。自然界から私たち人間が何を取り出せるかではなく、私たちが自然界から何を学べるかを基本とする新しい時代を拓くものです。

　昨年9月に通訳をさせていただいたフューチャー500のシンポジウムでは、このバイオミミックリーの第一人者を招聘しての講演がありました。私たちにいちばん身近なバイオミミックリーの商品化例は、マジックテープです。スイスのある人が猟に出たとき、猟犬の毛にごぼうのイガが強くくっついて、なかなか取れなくて手こずった。これをヒントにマジックテープが作られました。ほかにも、「真珠貝の強度」（あれだけの強度の鋼を人間は作ることができない、しかも常温で有害化学物質も集約的エネルギーも使わずに真珠貝は実現してい

る！）など、いろいろな実例が挙げられておもしろかったです。「ハチ」に倣って作られたコンピュータ・システムの話もありました。

上のHPには、「ケーススタディ」というページがあって、いくつもそのような例が紹介されています。ここには今のところ、「モルフォ蝶」の事例は載っていないようです（人間の虹彩も^^;）。

欧米での、このバイオミミックリーの高まりには、「征服し、管理する対象としての自然」から、「畏敬の念を持って、学ぶ対象としての自然」への自然観の変化の兆しを感じることができます。

もっとも「素直な気持ちで自然から学ぶのも、結局人間に役立てるためでしょ」という見方もできますが、「人間のためではなく、自然が自然そのものとして存在すること」の認識へつながる動きのひとつになればいいな、と思っています。

地域通貨について
No. 586 (2001.10.19)

以前、いろいろな地域通貨についてご紹介したときに、『マネー崩壊』（ベルナルド・リエター著、日本経済評論社）をご紹介しましたが、先日、フューチャー500主催のリエターさんを囲む懇談会に参加してきました。

懇談会は、ワインとスナックを楽しみながら、和気あいあいのとても温かい雰囲気でした。お話の一部をお借りして、私の理解に基づき、お伝えしたいと思います。（このとおりにお話になったわけではありません）。

> 私たちが毎日使っている円やドルは、「国家通貨」です。その性格は「競争的」で、「常に不足」というものです。これは「陽の経済」と考えられます。
> その国家通貨に置き換わるのではなく、補完する役割を持つのが、「補完通貨」と呼ばれるものです。ふれあい切符（さわやか財団がすすめている

もの）や、さまざまな地域通貨は、この補完通貨の種類です。「地域」ではなく、グローバルに展開する補完通貨もありえます（リエターさんは、「テラ」というグローバルな多国籍企業向けの補完通貨を提唱されています）。

「補完通貨」の性格は、「協力的」「常に十分」というものです。こちらは「陰の経済」と考えられます。「富」は「交換・やりとり」によって創り出されます。失業していて、円やドルがもらえないから、交換・やりとりができない、という悪循環があるなら、円やドル以外の補完通貨で、「仕事をしたい人」「仕事を頼みたい人」「食べ物などを売りたい人」「食べ物などを買いたい人」の媒介をすることができます。つまり、補完通貨（地域通貨）で、国家通貨がなくても、その地域の取引・交換を進めることができるので、富の創出ができるのです。

補完通貨は、1984年には世界中で一つしかありませんでした。1985年に二つになり、90年の時点では、100ぐらいに増えました。今では、世界中で3000以上の補完通貨が使われています。

日本では、1994～95年に、さわやか財団の堀田さんが「ふれあい切符」をはじめました。今では、全国に350～400あると言われます（加藤敏春さんの提唱されている「エコマネー」を含めて）。

日本は、世界の中でも最もシステマチックに、いろいろなタイプの補完通貨を研究していると思います。「ふれあい切符」はその一つですが、その他40種類ほどの補完通貨が実験されています。

「補完通貨」と言っても、皆さんから縁遠いわけではなく、たとえば、航空会社のマイレージもそうです。英国のセイズベリーというスーパーでは、ブリティッシュ航空の「マイル」で買い物ができます。国家通貨の代わりになっているのです。「マイル」の3分の2は、航空券以外のモノやサービスと引き換えられています。

それから、世界の国際取引の20％は、バーターと言って、通貨を使わない取引であることをご存じでしたか？　この国際バーターは、年率15％、通常の貿易の3倍の勢いで増えています。

補完通貨は、これから成熟していくと思います。現在の地球環境問題を引き起こしている「短期的思考」は、私たちの脳神経系の欠陥や、人間が生まれ持った性質ではなく、単にマネー制度でプログラムされているだけです。ですから、これまで環境問題への対処として進められてきている「規制」や「教育・啓発による意識変革」だけではなく、マネーのしくみを変えなくてはなりません。……

　懇談の中で、私が「今回のテロ事件をどうごらんになっていますか？　市場主義経済への反発と行き詰まりではないか、グローバルな統合ではなく、それぞれの地域が持続可能になることが解決の方向ではないかと私は思っています。そのための仲立ちをする地域通貨という観点から、リエターさんはどうお考えになりますか？」と聞きました。それに対して、

　　陰陽のバランスが大切でしょう。いまは、「競争・不足」の陽経済に偏りすぎています。そういう意味で、陰経済としての地域通貨の意義があるでしょう。しかし、逆に、「協力・十分」の陰経済一色になるかというと、それも不健全でしょう。たとえば、競争していないレストランに食べにいきますか？　競争していないメーカーからコンピュータを買いますか？　競争のエネルギーも必要です。
　　その一方で、いまのように、不足の原理に基づくマネーシステムで教育や介護をやるべきではないと思います。バランスが必要なのであって、人によって選択ができることが重要です。
　　たとえば、20年後、一生の時間の半分を陽経済で、半分を陰経済で、ということが選択できるようになるのではないでしょうか。もう、そういう例があるんですよ。バリ島へいったことのある人、いますか？　お祭りが多いでしょう？　富の再配分の機会になっています。島の住民全員がアーティストで、みんな楽しんでいます。
　　バリ島の人々の時間の30〜40％は陰経済です。お祭りは、協力経済でま

かなわれています。競争経済だけではまかなえませんから。陰と陽が統合されているひとつの例です。

さて、その翌朝。「環境を考える経済人の会21」の朝食勉強会で、エクアドルのコタカチ郡のすてきな取り組みのお話を聞く機会がありました。

人口3万8000人の郡で、そのうち1万4000人が、社会的に無視され、差別されてきた先住民。その先住民の中から、アウキ氏が知事に当選したのが1996年。わずか37票差で当選したそうです。2期目の選挙では、80%以上の得票率で当選し、物的、精神的、文化的にもこの地域を豊かにしているその政治は奇跡のようだとも言われ、次期大統領の声もあるとか。

今回はこのアウキ知事の夫人で、保健省を担当されているマリーナ夫人のお話を聞くことができました。どのように環境自治体宣言をされたのか、どのように郡民全員が参加する、横に展開する行政を進めていらっしゃるのかなど。「理論や話だけではなく、実践なさっているんだ！」ととても勇気づけられるお話でしたが、中でも「地域通貨」のお話には目がキラリ〜ン！(^^;)。この会にマリーナ夫人を紹介してくれた「雑穀の大谷ゆみこさん」に補足してもらって、様子をうかがいました。

「クリ」と言う地域通貨（資源、と言う意味のようです）を使って、はじめは、物々交換だったのが、サービスも交換するようになり、お金のない人でも食べていける、生きていけるので良い方法です、とのこと。人口の半分にあたる1万8000人が「クリ」を使って、国家通貨に依存せず生活しているとのこと。特に、先住民が多いそうです。「クリ」でやりとりするものの80%が、食べ物だそうです。

どうやってこの地域通貨が誕生したのか、大谷さんに聞いてみました。アウキ知事が、生産委員会という郡政府の中で3年かけて検討し、2年前から始めたとのこと。自治体が、自分の地域での交換ややりとりの促進を通じて、富の創出や、貧困層へ必要な食料を回そうというしくみを作ったのですね。

地域通貨についてではありませんが、質疑応答で、とても興味深いやりとり

がありました。「お話を聞いていると、コタカチは農業中心で、近代工業ではありませんね。するとそんなに豊かにはなれないでしょう。人間の欲望はそう簡単に抑えられませんが、抑圧するのではなく、貧しくても満足できるために、どのような価値観や信念があるのでしょう？」という質問がありました。また、「米国や日本のような、物的豊かさを求めるのとは違う、それ以外に価値を見い出す新しいモデルを作り出そうとしているのですね」という声もありました。

それに対して、大谷さんが言われた一言がとても印象に残りました。「日本や米国では、近代的な経済発展が物的豊かさにつながりました。しかし、途上国では、近代的な経済発展が破壊や貧困につながっているのです。彼らの声は、こちら側からの声なのです」。

大谷さん、「エクアドル、行きましょうよ。やっぱり自分の目で見なくっちゃ。奇跡が見えるわよ。来年9月にツアー計画しているから〜」と誘ってくれました。破壊や貧困につながる経済発展ではなく、地域通貨で地元での交換ややりとりを促進して、食べ物の必要な人が食べ物を得られ、精神的、文化的にも豊かになってきたという現場をぜひ見たいな、と思いました。

奥能登塩田村〜恒環境化と生物的時間

No. 550 (2001.09.09)

8月上旬に夏休みの1週間を能登半島でゆっくり過ごしてきました。地元の人には、「どうして、こんな何もないところに1週間もいられるの？」と言われましたけど、テーマパークもファミリーレストランもない能登半島は最高のバカンス地だと思っている私です。

今年で能登半島は3年目。今年は、奥能登塩田村に寄ってみました。こぢんまりして居心地の良い博物館です。まず、クイズがありました。おひとつ、いかが？「海の水をすべて蒸発させると、どのくらいの塩が残るでしょうか？」答え：高さ35メートルの塩の高原が残るそうです。地表の70％は海。その海に約3％の濃度で塩が溶けています。現在、世界中で年間2億トン弱の塩が生産され

ているそうですが、そのうち、海水から直接作る塩は25％ぐらいだと書いてあってびっくりしました（それが主流かと思っていました）。岩塩からが40％、湖塩からが30％だそうです。

　面白いことが書いてありました。紀元前4〜5世紀、ローマ帝国時代、兵士の給料は「塩」でも支払われていたそうです。「兵士の塩」と言うラテン語、「サラリウム」から、お馴染みの「サラリー」と言う言葉が来ているんですって。

　塩を作る方法を、時代を追って示すジオラマが四つ並んでいました。最初は、「藻塩焼き」です。50センチ角ぐらいの箱の中で、古代の人間をかたどった小さな人形たちが塩を作っています。藻についた塩を海水で洗い流し、それを煮詰めて作っています。

　次が「揚げ浜・入り浜塩田」です。ちなみに、この塩田村では、500年前と同じ、揚げ浜式で塩を作っています。桶で何往復もしながら海水を大きな桶に集め、砂の上に、霧状に撒きます。かん砂（海水のついた砂）を集めている人形もいます。集めたかん砂の上から海水をかけ、かん水（濃い塩水）を貯めます。それを合計18時間ほど炊いて、水分を蒸発させるという製法です。入り浜式は、潮の満ち引きを利用して、海水を自動的に浜に引き入れる方法で、瀬戸内海地方に適しており、江戸時代から昭和の初め頃まで盛んに行われました。

　3番目のジオラマを見たとき、「わぁ、いいなぁ！」と思いました。「流下式塩田」と書いてあります。「海水を緩やかな傾斜をつけた粘土製の流下盤に流し、太陽熱で蒸発させて濃い海水にする。これを竹の枝で組んだ枝条架の上からたらして、風力でさらに水分を蒸発させ、残った塩水を釜で似て、塩を作った。昭和30年代に行われた製法」。太陽熱と風力で海水から塩を作るなんて、いいなぁ〜と思ったのでした。

　最後のジオラマは、その前の三つのものとはまるで異質のものでした。「イオン交換膜法」という、現在主流の製法です。その名前から、何となく「化学的に」塩を作っているのか、と思っていましたが、そうではなく、やはり海水を濃縮・蒸発して作るのですね。3％の濃度の塩を効率よく集めるために、イオン交換膜を使います。この膜を通り抜けられない微妙なミネラルや成分があるで

しょうから、やはり天然の塩とは違うのでしょう。

　私が「前の三つと全然違う！」と思ったのは、なめてみたわけではなくて(^^;)、そのジオラマの外観でした。それまでの三つはどれも、海があり、浜があり、お日さまの下で人間が作業しています。それに対して、最後のジオラマは、「工場」なのでした。大きな建物の中で工程が行われているのでしょう、人の姿も見えませんし、もちろん、その工場の中で作業している人からも、海やお日さまも見えません。

　「このような工業的な生産方法によって、それまでは雨など天候に左右されていた塩づくりが、安定して行えるようになった」という解説を見ながら、東工大の本川達雄先生の『時間　生物の視点とヒトの生き方』（NHKライブラリー）を思い出しました。

　この本は、本川先生と対談した方から、薦めてもらったもので、とってもユニークな視点や話が満載の本当に面白い本です。本川先生は、「人間一人が食べるエネルギーを『1ヒトエネ』として、自分の体を基準に、エネルギー消費量を考えてみよう」と提唱なさっています。先生は「動物のサイズ」に着目なさっていて、その話もとても面白いのですが、詳しくは本書をどうぞ。関係あるところだけ引用します。

　　人間が食べて体が使うエネルギーは他の動物並みですが、現代人はこの他に、石油や石炭などから得たエネルギーを大量に使っています。その量を国民一人当たりにすると、体が使う分の40倍のエネルギーを使っているのです。(中略)。これはものすごい数字です。変温動物から恒温動物へと進化したときに、30倍になったのですが、それをさらに上回る数字なのです。恒温動物の出現と言えば、進化の歴史上の大事件です。エネルギー的に見れば、これに匹敵する規模のことが、縄文時代から現代への過程で、我々人類の上に起こったことになります。

　　変温動物から恒温動物への進化において起こったことは、体内の環境をできるだけ一定にすること、つまり体の恒常性を維持しやすくすることで

した。この環境には時間も含まれています。体温を一定に保てば、時間の速度が一定になり、また高い体温は時間の速度を速めました。これにより、素早く複雑な行動がいつでもできるようになったのです。体内の恒環境化のために、30倍にもエネルギー消費量が増えたのです。

では、私たち人類に40倍のエネルギー消費量の増加をもたらしたものは、いったい何だったのでしょう？　私はこれを変温動物から恒温動物へという変化の延長線上のこととして捉えられるのではないかと思っています。

人類がエネルギーを大量に使うことにより行っていることは、体の内部環境のみではなく、体の外側の環境までをも一定にし、より高速でありながら安定して正確で予測可能な行動を実現することです。内外すべての環境の恒常化による、高速・高精度・高再現性の獲得と言っていいでしょう。私たち現代人は、恒温動物からさらに進んで、「恒環境動物」になったのだとは言えないでしょうか。

エアコンを使えば、体の外部環境まで恒温動物。電灯をつければ夜も昼間と同じような光環境。夜も動いている工場のライン。私たちは夜という不活発な時間を追放し、昼夜ともに同じ環境にもできるのです。通信網、交通網、どれをとっても現代社会はいつでもすぐに何でもできる環境を作り出しました。

ハウス栽培で冬でも夏の野菜が食べられ、季節の制約なし。好きなときに好きなものを好きなだけ食べられるというのは、まさに恒環境と呼べるでしょう。温水プールで冬でも泳げる、夏にスキーができる施設までできています。都市とはまさに環境を一定にしているところ、都会人は恒環境動物になったと言えるでしょう。そして私たちはさらなる安定性と高速性を持つ恒環境作りをめざしています。

このような恒環境化は手放しで喜べるものではありません。これは莫大なエネルギーにより可能になっているのであり、地球環境そのものは、そのために悪化の一途をたどっています。自分のごく近くの環境だけを都合良く恒常化するために、さらにまわりの大きな地球環境の恒常性を犠牲に

しているのです。地球温暖化、環境汚染、エネルギーをはじめとする資源の枯渇等、恒環境化はやっかいで放置できない多くの問題を生みだしています。

長くなるので、引用はここまでにしますが、ではどうすれば？　という話が続きます。「省エネは幸せである」という小見出しもあります。

塩田村のジオラマに戻りますが、三つの「お日さまの下での、でも不安定な」製塩方法から、最後の「お日さまも雨も関係ない、でも電力で動かしている」工場式製塩方法に移ったときに、製塩の恒環境化が進んだことをまざまざと感じたのでした。

動物学者の本川先生を、この「時間」という魅力的なテーマに目覚めさせたのは、ナマコだったという話が最後に書いてあります。

　　現代日本人は莫大なエネルギーを使って時間を早めています。いつでもどこでもほしいものがすぐ手に入り、やりたいことがさっとできるように、世の中を作り上げてしまいました。いわばエネルギーを使ってこの世を天国にしているわけです。

　　これに比べてナマコはどうでしょうか？　ナマコは動物の中でも、とりわけエネルギー消費量の少ない生き物です。(略)　ナマコは工夫してエネルギーの支出を少なくすることにより、栄養価の低い砂のようなものを食べてでも生きていけるようになりました。省エネに徹して、地上に天国を作り上げてしまったのです。これは我々とは、まったく正反対のやり方です。私たち人類は、膨大なエネルギーを使うことにより、地上に天国を実現しようと試みてきました。今やこのやり方は、破綻に瀕しています。(略)

　　私たちは借金して「良い」暮らしをしています。エネルギーは子孫からの借金ですし、国はまさに借金だらけ、赤字国債の山です。このあたりで、借金して得られた「良い」暮らしを見直さなければいけません。何が幸せかを問い直す必要があります。本書で考えてきた「生物的時間」や「代謝

時間」が、問題を見直す際の視点を与えてくれることと私は信じています。

　余談ですが、日本がどのくらいの「赤字国債の山」で「子孫から借金しているか」をまざまざと感じることのできるサイトがあります。その名も「日本経済が破綻するまで動きつづけるリアルタイム財政赤字カウンタ」です。

http://www.jaist.ac.jp/~ymorita/etc/akaji.html

　今現在の日本政府の抱える長期債務残高（概算値）をリアルタイムで表示。国民一人当たりの数字も見られます。今日の時点で、582万円ちょっととなっています。う〜ん、すごい借金ですねぇ。こんなに借りているとは知りませんでした。いったい、だれが払うことになるのでしょう？

　ちなみに、米国の国家債務のカウンタページも教えてもらいました。こちらは国民一人当たり2万ドルちょっと（日本と同じく増加の一途）。

http://www.brillig.com/debt_clock/

　「時間」と「お金」が、環境問題を含めてさまざまな問題を考えていく上での鍵を握っていると私も思っていますし、ミヒャエル・エンデの『モモ』さんをはじめ(^^;)、同じようにお考えの方も多いようです。塩田村の博物館の外に広がる塩田（体験もできるのです）を見ながら、そんなことを考え考え、天然塩入りのコーヒーをいただいたのでした。（これはコーヒーかなぁ？　という、ちょっと変わった海のお味でした ^^;)。

CO_2もフロンも…「時間の遅れ」と将来世代

No. 535 (2001.08.20)

　少し前のニュースにも書きましたが、「今日」放出されたフロンは、「数十年後」に影響を与えることになります。二酸化炭素も同じです。今日1000トン二酸化炭素を排出したとすると、そのうちの400トンは100年後もまだ大気中にとどまっており、150トンは今から1000年後も大気中に残っているのです。

　以前、ローマクラブの『成長の限界』を参照して、フィードバック・ループ

の話を書きました。フィードバック・ループには、「時間的な遅れ」が必ずあります。フロンや二酸化炭素の例を考えるとよくわかると思います。

　もし今日から、フロンや二酸化炭素の排出をゼロにしたとしても、その効果が出るまでには、何十年、何百年とかかります。同じような「時間的な遅れ」が、いろいろな面であります。汚染物質が食物連鎖に入り込んで、人間が病気になるまでの時間もそうです。

　人口問題で言えば、赤ちゃんが生まれてから、始めて子どもを生むことができるようになるまでの約15年の遅れ、「人間が成熟することに固有の時間の遅れのために、変化する状況に対応して出生率を変化させても、それによって人口が変化するまでには、避けることのできない遅れが存在する」ということです。『成長の限界』（ダイヤモンド社）では、「このような自然の遅れは、技術的手段によっては制御できない」と述べています。少し引用します。

　　ダイナミックなシステムにおける時間遅れが重大な影響を与えるのは、そのシステム自体が急激な変化をとげている場合だけである。簡単な例をあげよう。

　　車を運転している際には、眼前の道路上のものを見ることと、それに対する反応との間には、非常に短いけれども避けることのできない時間遅れが存在する。アクセルやブレーキを踏む動作と、それに対する自動車の反応との間には、もっと長い時間遅れが存在する。

　　運転者はこれらの遅れに対する対処の仕方を学び知っている。この遅れがあるために、あまり速く運転することが危険だと知っている。さもないと、遅かれ早かれ、行き過ぎとその後の破局をきっと経験するだろう。

　　もし目隠しをして、助手席にいる乗客の指示に従って運転しなければいけない場合には、知覚と反応との間の時間遅れがはるかに長くなるだろう。このように長い時間遅れを扱う唯一の安全な方法は、スピードをゆるめることである。そのような場合でも、通常のスピードで運転しようとしたり、加速し続けたり（幾何級数的成長のように）しようとすれば、その結果は

破局的である。

　この「時間的な遅れ」があるからこそ、「現在」被害を受けることのない私たちが「本当はいけないこと」をやったり、打つべき手をぐずぐずと打たないでいるのですが、「将来世代にツケを回す」とか「世代を越えた暴虐行為」と言われるように、将来世代には、「身に覚えのない」被害をあちらからもこちらからも受ける……という状況を作りだしています。

　せめてスピードをゆるめなくては。フロンや二酸化炭素が10年、100年というスパンで影響を与えてくるなら、新しい物質を作ったり使ったりするスピードも、10年、100年というゆっくりしたスピードで進まないと、「目隠しをして、猛スピードで、さらにアクセルを踏み込んでいる」状態になってしまいます。ところが実際には、9秒に一つずつというスピードで新しい化学物質が作り出されているそうです。アクセルを踏んでいる私たちは、衝突する前にきっと車から降りてしまいますから、自分たちは怖くないのかもしれないですけど……。

　[No.505]に紹介しました加藤尚武先生の『環境倫理学のすすめ』にも挙げられている「世代間倫理」は、まだ生まれていない被害予定者？の声を、今の意思決定に取り入れるための考え方の一つです。この本は是非読んでいただきたいな、と思います。現在の民主主義のしくみでは、将来世代の声が現在の意思決定に反映されないのです。

　夏休みの能登半島旅行の最後に、棚田ネットワークのご紹介で、コシヒカリオーナーとしてお世話になっている新潟県安塚町の田んぼに寄ってきました。小山さんの田んぼです。5月に田植えをさせてもらい、小山さんに世話をしてもらって、秋に稲刈りにいくのです。自分たちが植えたあの苗、どんなに大きくなっているかな〜？と見せてもらいに行きました。

　小山さんのお家で、もぎたてのトウモロコシやトマトなど、本当においしいお昼ご飯をいただきながら、「いまあちこちで、雨や雪が減っていると聞きますが、この辺はどうですか？」と聞きました。「やっぱり減ってるよ」と小山さん。「お米作りとか、困りませんか？」と私。「この辺の田んぼの水は、山からの水

でね、山の水は、雨が降ってから、少しずつ地下に流れて、それがまた少しずつ川に出てくるんだよ。だいたい20年ぐらいかかって、出てくる。だから、いま雨や雪不足でも、いまの農業には何も関係ない。20年前に降っていた雨や雪だからね。でも最近のように、雪が減ってくると、20年後には……」。

小山さんの視線が、家の前で遊ぶ小学1年生のお子さんにちらと向けられたような気がしました。

第5章
はじまりはひとりの力

一人でもできるんだ〜レスターのメッセージ

No. 306 (2000.11.09)

　札幌での日本青年会議所世界会議のシンポジウム、昨日は東京で三つの講演と一つの会談に、二つのレセプションというスケジュールで、レスター・ウィークはもう後半戦に入りつつあります。

　昨日、凸版の『環境コミュニケーション展』リレートークの第1弾として、レスターのトークショー？　が行われました。1時間レスターが話した後、凸版の司会者の方からいくつか質問をして話を深めたのですが、質問の中に「あなたのいう世界経済の再構築をするために、政府、企業、そして個人はどのような役割を果たすべきでしょう？」というのがありました。レスターは丁寧に、詳しく答えていましたが、「個人」について彼が答えた部分、胸に迫るものがあったので、ご紹介します。

　　私たちはともすると、自分一人では大したことはできやしないや、と思ったりしますね。でもマーガレット・ミードは「どんな大きな社会運動も、始まりは一人だった」と言っています。
　　環境運動の歴史を振り返っても、本当にそうだな、と思います。そのひとつの例が、『沈黙の春』を書いたレーチェル・カーソンです。彼女の思想や取り組みは、今に至るまで、環境運動に大きな影響を与えているのはご存知の通りです。
　　彼女は米国政府の内務省に務める職員でした。科学者としての教育を受けていましたが、彼女は学部卒でした。同僚には博士号を持った人もたくさんいました。仕事で野生生物などを調べているうちに、彼女は"これは心配だ"ということを見い出しました。彼女と同僚の違いは何だったのでしょうか。教育レベルではなかった。同僚たちの方が高い人が多かったのですから。でも彼女は、進んで自分の見い出したことを発言しようとしたのです。彼女は政府を去り、本を書きました。1962年に書かれたこの本は、

世界に環境運動のうねりを生み出し、今もそのうねりは続いています。

　彼女の例を話したのは、どのような個人でも違いを生み出せる、ということをわかってもらいたかったからです。自分の書いたものや喋ったこと、自分の行動が、いつ、どこで、だれに影響を与えるか、これは予見しがたいものです。

　今朝、ホテルで数分でよいからぜひ会いたいと言われ、ある人に会ってきました。STMicroelectronicsという欧州を本部とする世界大手の半導体メーカーのCEO、イタリアのピストリオ氏です。彼は、「1994年の地球白書を読んで、自分の考えが大きく変わった。今では毎年、3ヶ国語で地球白書を150部買い求め、本当に大切な情報だから、と会社の幹部に読んでもらっている。そして自社でも様々な環境の取り組みを始めた。これからの計画としては、2010年までに炭素中立の会社になることを考えている。つまり自社の操業から、ネットでの二酸化炭素排出をゼロにするつもりだ」という話をしてくれました。

　私や同僚が94年に地球白書を書いたときに、国際的な企業のイタリアのCEOがそれを読んで自分の会社を文字どおり"再構築"すべく努力されるなど、思ってもいませんでした。とても嬉しく励まされる思いがしました。

　たとえ個人でも、その行動や話すことが、どこでだれにどのような影響を与えるのか、わからないものだと思います。

　三つの講演会場では、たくさんのレスターのファン？　の方がいらっしゃる様子がよくわかり、彼の本や講演が、本当にたくさんの人々に影響を与えているのだろうなぁ！と思いました。

　その他、いつもの講演会では出ない角度の質問として、「コミュニケーションの重要性と、ワールドウォッチ研究所のコミュニケーション戦略は？」というのが面白かったです。「年に地球白書、データブックの他に単行本を数冊、隔月の雑誌、電子メールによるニュース配信と、とても多様で生産的なコミュニケーション活動を行っている、しかも毎日平均すると全世界で40もの新聞や雑誌、

ＴＶなどでその記事などが引用されている」というコミュニケーション成功の秘訣は興味のあるところです。

レスターの答えを簡単にまとめると「あれもこれも、ではなくて、自分たちのスタッフの人数や自分たちのミッション（使命）にあったものに力を集中すること」。

「しかし」とレスター。「私たちのコミュニケーションの目的は、生態系を破壊せずに経済発展を続けられるように、世界経済の再構築をはかるために必要な理解を広めることです。なぜそうしなくてはならないか、新しい経済の姿はどのようなものか、現在の経済からその新しい経済にどのように移行すべきか、この3点を伝えることです。

ですから、自分たちの活動を評価する尺度は（引用の数や本の部数ではなく）、私たちが、環境的に持続可能な経済へと世界経済を再構築するために役立ったかどうか、だけです」。

凸版でのトークショーの後、川口環境庁長官との会談、そして夕食会という長い一日でありました。おととい、翌日のスケジュールを確認していたときに、「ごめんね、明日はながーい一日になりそうで」と言うと（今回は私がスケジュールを担当しているので）、レスターは快活に、I like a challenging day.（大変な日も好きだよ）と言ってくれたのでした。

雑穀（つぶつぶ）の世界へようこそ！

No. 320 (2000.11.24)

今年の3月末に、日本IBMの環境部の岡本享二さんから「都内を自転車で走ってみませんか？」とお誘いをいただきました。「そ、そうですねぇ……面白そうだけど、自転車は中学以来なので……」とちょっとためらったのですが、私の乗る自転車まで用意して下さり、春の一日を都内サイクリングさせてもらいました。

最初の長い上り坂を、落ちこぼれずについて行けたので（体力には自信があ

る^^;)、安心なさったようで、祐天寺から六本木、神楽坂（方向感覚には自信がない^^;）と、ぐるりと都内を自転車で回りました。神宮のあたりは本当に気持ちのよいコースでした。

　でも、「都内を自転車で走るのは決死隊だなぁ」と思いました。車が多いし、人も多い。自転車用レーンもないですから、様子を見ては車道を走り、車が来ると歩道に入り、人が多いと立ち止まるしかない。……何だか動物の仲間にも鳥の仲間にも入れてもらえない「コウモリ」のような気分でした。

　2時間か3時間ぐらい走って、「お昼はここで食べようとめざしてきたのですよ」と連れていってくださったレストランが「未来食アトリエ風fu」でした。若い方を中心に満員でしたが、いただいたランチの美味しかったこと！（もちろん久し振りの運動にお腹もペコペコでしたが^^;）。

　ランチだとたいていお肉かお魚がメインでしょう？　でもここのランチのメインは「人参のフライ」でした。人参を縦に四つに割ったままに衣をつけて揚げたものですが、その人参の甘くて美味しいこと、添えられた薄味のお野菜ともどもとてもおいしくいただきました。お代わり！とお願いしたかったほど(^^;)。

　ご飯にはつぶつぶが入っていて、むっちりと噛めば噛むほど自然の甘みがでてくるような、美味しいお味でした。岡本さんが「ここのオーナーの方をご紹介したいのだけど」と言って下さったのですが、残念ながらご出張中ということで、お目にかかれませんでした。そしてその後、そのままになって忘れていました。

　ところが！（前置きが長くなりましたが^^;）先日、「環境を考える経済人の会21」の朝食勉強会で、このレストランのオーナーで、国際雑穀食フォーラムなどの活動をされている大谷ゆみこさんにお会いすることができました。

　雑穀というのは、ヒエやアワ、キビ、モロコシ（タカキビ）、ソバなどが代表的なものですが、健康（栄養）の面と、食糧自給や環境保全の取り組みのなかで、注目が集まっている分野です。大谷さんは「雑穀」と言う何となくネガティブな名前ではなく、「つぶつぶ」と言うキュートなネーミングをして、"新しい価値"を雑穀に見い出してもらおう、とご活躍中です。

大谷さんのお考えや活動は、「私が変わる→暮らしが変わる→地球が変わる」を基本に、暮らしの転換にチャレンジする会員制ネットワーク「いるふぁ」のHPでご覧になって下さい。(http://www.ic-net.or.jp/home/ilfa/index.html)
　「穀類は世界で十数種類あるのですが、穀物と言うと米、小麦、トウモロコシ(大豆)になってしまう。その他はすべて"雑穀"と言われますが、それぞれの地で伝統的に作られ、食されてきた穀類なのです」と大谷さん。
　なぜ今雑穀？として、以下の点をご指摘になっていました。
・食糧供給の拡大と安定：米や小麦に比べ、痩せ地や寒冷地でも栽培でき、乾燥や気候の変動に強い。灌漑も必要なく、わずかな肥料で育つ。
・健康と栄養：食物繊維とミネラルが抜群に多く、良質のタンパク質と植物性脂肪が含まれ、栄養バランスも非常に優れている。精白した米や小麦の普及による栄養失調（隠れた飢餓：精米することで多くのビタミン・ミネラル類などの栄養素が削られ、不足する）を解決する可能性がある。
・安全性と持続性：病害虫に強く、無農薬栽培が容易。収穫後は長期保存が可能。発芽能力が長年持続する。
・脱肉食：雑穀は「ごはんなのに、おかずのフリができる」＝タンパク質に富んでいるので、脱肉食が可能。
　最後の点は、私が「米の余っている日本で、なぜ雑穀なのか、栄養以外にどのように説明されますか？」とお聞きしたところ、詳しく教えてくださいました。精白米が主食だと、不足する栄養を肉や脂肪・糖分で補うことになりますが、その栄養のほとんどは雑穀には含まれています。したがって、雑穀を主食とすることで、肉食を減らし、食物連鎖を下りることで、環境負荷を下げ、肉食のために費やしている大量の穀物を貧しい人々へ回すことも可能、と理解しました。
　別のHPには、「玄米や雑穀を主食にすれば、あとはわずかな小魚などをとるだけで必要な栄養をバランスよくとることができます」と書いてありました。なるほど〜、脱肉食という視点は、食糧危機に向かう今後にとって、とても重要だなぁ、と思いました。

ところで、通訳しているときに、日本人の方が「アワ、キビ、ヒエは」と区切って言って下さっても、通訳する私は「millet……」と絶句してしまいそうです。アワもキビもヒエも、英語ではmilletなのです（エスキモーの言葉には雪を表す単語が何十とあると聞いたことがありますが、似たような話に思えます）。
　この話を、朝食会後に大谷さんにしましたら、「そうなんですよ。区別して言うにはラテン語で言わないといけないのです。でも私はそれぞれの味から、ネーミングをしていますよ」と教えてくださいました。
　ヒエ：フィッシュミレット（白身魚やミルクのおいしさ）
　モチキビ：エッグミレット（卵のおいしさ）
　粒ソバ：ポークミレット（豚挽肉のおいしさ）
　モチアワ：チーズミレット（チーズのおいしさ、自然な甘味）
　高キビ：ミートミレット（ビーフ挽肉のおいしさ）
　ウルチアワ、キビ：チキンミレット（鶏挽肉のおいしさ）
　雑穀の個性的な風味とコクを活用すると、肉無しで肉やチーズのおいしさが生み出せます、ということです。おいしそうですねぇ！
　大谷さんのお話でとても面白かったのは、「乾かして天井につるした1本の穂は、翌年1年分の一人の食料を生みだしてくれます」という、雑穀の「生命力と保存性」です。雑穀はまけばすべて芽が出る、そして何年、何十年後でも実る力があるそうです。
　その「非常用の種」として、もっと切迫すればそのまま食べる「非常食」として、大谷さんは雑穀の穂で「フラワーアレンジメントならぬ、ミレットアレンジメント」を提案されています。枯れないのでインテリアとしても経済的、いざと言うときは、ミキサーを使って簡単にその日食べる分の殻をむくことができるそうです。何とも楽しい（そして心強い）インテリアですね！
　他にもインターネットで雑穀の情報を探してみたら、
・粟の名は「味が淡い」ことに由来していること
・稗は寒冷で湿潤な土地に良く育つため、その名も「冷えに耐える」からきているらしいこと

・天明から天保の飢饉のとき、二宮尊徳が門下生たちに稗作りを奨励、見事に飢饉を乗り切ったと言う話
・雨の少ない"吉備国"の名で呼ばれた岡山や広島は、乾燥に強い黍(キビ)の収穫が多く、「桃太郎」の話は、この吉備国に古くから伝わるものです（だから、キビ団子だったのですね！）
・中医学で黍は心臓を強化すると言われ、桃太郎のように「キビキビ」した行動力を生む力を秘めていること(^^;)
・黍はダイエット食品としても最高であること（桃太郎もダイエット？^^;)

　などなど、楽しい世界が広がりました。今度、白米に混ぜてぜひ食べてみよう！　と思っています。

　ところで、ン十年ぶりのサイクリングをとっても楽しんだ私は、さっそくマウンテンバイクを買って、多摩川のサイクリング（ここなら安心）を楽しんだりしたのでした。でもこの秋はまだ乗っていないなぁ……。温かい日があったら出かけてみようかな、キビ団子をお腰につけて(^^;)。

雑穀(つぶつぶ)の大谷ゆみこさんのお話

No. 546 (2001.09.01)

　[No.320] で「雑穀(つぶつぶ)の世界へようこそ！」と、雑穀に明るく、楽しく、力強く取り組んでいらっしゃる大谷ゆみこさんのお話をご紹介しました。「環境を考える経済人の会21」の昨年のフォーラムにもいらしていて、お話がとってもおもしろかったので、ご紹介します。

　　私が雑穀と出会ったのは30歳の時で、今から18年前です。それまでは言葉は聞いていましたが、雑穀というものを食べたことも見たこともありませんでした。
　　ですからそのような意味では、食べたこともない人たちが本当に歴史を学んだり、感覚的に食べてみたときの衝撃的なおいしさ、そして料理法の

多様性などさまざまな意味で、今「つぶつぶグルメネットワーク」というものが広がっているのです。

　私は料理の研究家でも栄養学者でもありません。人間は生まれた途端に死に向かっていくという矛盾した生命として生まれてきます。私たちが生きることに対して一番平等なものは何かというと、一日は24時間しかないということ。どんなに権力をもっても、お金をもっていても一日は24時間しかない。そして必ず死ぬということは平等です。

　では、人間が本当に自由に生きるということは、自分の生命時間というものをどれだけ自由に出し切っていけるかということ。そうすると、自分の生命時間を過ごす一番大事なパートナーである自分の体という魂の乗り物を、自動車と同じで早く乗りつぶしてしまうのか、あるいは長く乗っていくのかということで、命のメンテナンス法というものをしっかり知りたい、ということを考えました。

　人の命が最大限に、本来もっている生命メカニズムを発揮して、死ぬ瞬間まで自分の意志をもって健康に生きていけるような食、あるいはライフスタイルというものを探したいと常々思っていました。それは物心ついた頃から思っていました。

　ただ、具体的にどうすればいいのかと言うと、30歳の時に玄米ご飯を食べて衝撃的に「これはDNAが目覚める」という感じで驚いて、また香ばしさに「これは味付けご飯ですか」と聞いてお店の人に笑われたりして、それから始まったのです。

　そして一番の衝撃は、人は丸ごとの（精製していない）穀物と本当の海の塩とその辺に生えている草があれば生きていけるということを聞いて、「そうだとすると、私たちはもっと自由に生きられるんじゃないか」と気づいたのです。

　私は、大学が工学部で男性ばかりのところだったのです。ですから、みんな口を開くと「人は食うためには我慢して生きなければいけない」、「君は女だからそんな勝手に夢のようなことを言うけれども、自分たちは家族

を養うんだ」と言って、どうしてもそちらに話がいくのです。

　ところが、本当に玄米と塩、その辺の草があれば生きていけるのであれば、私たちの価値観、不安感、全てが変わるのではないかということで、「この事実を知れば自由になれるよ」ということと、逆に「本当かな」という思いで、18年前、家族と一緒にその日から穀物と海草と野菜と塩、みそ、しょうゆだけを使って食べるということを始めました。

　しかし、それだけの食材では現代に生きている者としては伝統に戻るだけではつまらない。では未来に向かってクリエイティブなお料理をつくろうということで、料理の創作ゲームというものを始めました。そうすると驚くほどに私たちの命が「沸き立つ」のを感じることができたのです。

　食べることの本当の原点を知る。そしてそれを食べたときに、燃え立つ命のすごさを知る。こんなにシンプルなことを知るだけで変わるということを、是非皆さんに知らせたいと思います。

　ただ、枝廣さんもおっしゃったように、「これが正しいよ」と言われてもなかなかだめです。やはりやわらかい食べ物ばかり食べていると、急に玄米を食べると驚く人もいますし、やはりそのような意味で、なるべくそのようなものに触れやすい場所、触れやすいシステムというものをつくった方がいいのではないかと考えました。

　その一つが、例えばパーティーの場になぜか雑穀料理が出現していて、それを食べて驚く、というようなことを演出する。

　あるいは今「つぶつぶカフェ街角作戦」というものをやっているのです。公民館のように「このようなことが大事です」というものを伝える場所があっても若者は行きません。逆に「つぶつぶカフェ」で一番売りにしているのは、お砂糖を使わないケーキです。穀物を使ったケーキで、お砂糖を使わなくても穀物はこんなにおいしいですよということで、非常に変わった、お砂糖を使わない、アレルギーの人も食べられるケーキを目玉に、なんだか間違えて入ってきた女性たちや若い男の人たちが、なぜか本当の食に気がつく、細胞が喜ぶおいしさに気がつく、というしくみの第一店舗を

文京区でやっています。できればそれを「つぶつぶカフェ街角作戦」と言って、あちらにもこちらにもつくりたいと考えています。

　明日から何か変えようと言っても、なかなかできにくくて無力感に陥ることが多いのですが、食というのは本人がきっちりベースのことを学んで動き出せば、今日から変えられるのです。そうすると、無力感からの解放、絶望感からの解放という意味でも、非常に大きな力があるのです。

　私は、5年前に『未来食～環境汚染時代をおいしく生き抜く～』という本を出版しました。それが2万部ほど売れているのですが、それ以来「未来食サバイバルセミナー」という個人対象のセミナーをやり、それを知ることによって、本当に知るだけで命の未来が見える人たちや、暮らしを変えるための場面ができる人たちなどをつくりながら、病気になりたくない、ぼけたくないからやる食ではなく、食から広がる暮らし、環境を破壊しない循環経済をつくるような食生活、未来をつくるためにみんなが取り組む食として、穀物主食の「つぶつぶグルメ」、あるいはそのようなことを越えた「どのように食べていこうか」ということを、皆さんが是非始めてほしい、と考えて活動しています。

　私どもがやっているのは、「暮らしを変えよう。暮らしにもう一つの選択肢を出そう」ということ。排除するのではなく、「このような選択肢もある、このような食べ物もある」ということを伝える、ということで活動しています。

　その中で雑穀という、歴史的にも世界の食糧問題的にも有意義なものが、なぜか消滅してしまっている歴史を見つめ直して、それを登場させるためにみんなが動くことで、何か見えてくるものがあるではないか、ということです。

　そして、何か運動をしていくときに、何かがないという生活はとてもマイナスな力になるのですが、「雑穀というものがあったんだよ。食べてみよう。おいしいよ。楽しいよ」というプラスの提案というものは非常に力になるので、私たちは今、雑穀というものを知ってもらう、触れてもらう。

あるいは、一つの穂があれば、翌年一年分の食糧ができるというのが食物のすごさなので、「では一粒の種を蒔いてごらんよ」ということをする。

雑穀の種を配布して、栽培法を教えて、みんなが「庭先で穀物ができるんだ。じゃあ、いざとなれば山の中に行っても生きていけるのね」というようなことを知る、ということをしています。その中で流通という意味では、雑穀を暮らしに取り入れながら、農業に従事している人たちの余剰雑穀を全量買い取って、暮らし手に届けるという「つぶつぶ」というブランドをつくってやっています。

インドで無農薬雑穀の栽培をしているグループを支援して、「フェアトレード雑穀」ということでインドから雑穀を入れて、やはり「つぶつぶ」ブランドでその粉などのつくり方を全て教えて、暮らし手に届けることを、まだ小さな規模ですがやっています。確実に、雑穀に対するニーズはどんどん増えてきています。

森は海の恋人
No. 394 (2001.02.01)

最近、森林関係のニュースをたくさん書くようになりましたら、海彦さんから「最近、山彦に気があるようだが……」と言われちゃいました。「そりゃ山には木がありますから」(^^;)と答えておきましたが。そしたら、海彦さんのお友達だという、豊橋青年会議所の山田晃弘さんから、このようなメールをもらいました。

> 私たちは、海を通して地域の環境を考えていきたいと思っております。海は山以上に荒廃が進んでいるように思いますし、山以上に(?)多くの生命が危機的な状態におかれています。
> 海は、その位置的な関係から、環境の「最終処分場」になってしまっているという印象を持っています。海自身から発生している「環境負荷」は

ほとんどなく、すべては陸上の人間生活が原因となるものが流れ込んだためだと思います。

　そこで、海の環境を見つめることはそのまま、その海に関係する地域すべての環境に対してアプローチすることになり、包括的な環境運動を考えるきっかけになるんじゃないのかなぁ、と。そんなわけで、海を舞台にした事業を、これから考えていきたいと思っているのですが、「ハタ」と困ったのは「海でできることはわりと限られている」事です。(中略)。

　海を舞台にした、何かユニークな活動事例等ありましたらぜひお教えいただきたいと思います。とくに、子どもたちが遊びながら学べるような事があればいいなぁ、と考えています(^_^;)。海も山も同じぐらい大事な自然環境で、財産です。ぜひ、お知恵を貸してください。

　より危機的なのは海か山かと争っても悲しいだけですが、「海と山とつながっているから、両方とも危機なのですね」……ということを、昨年末に「環境を考える経済人の会21」のフォーラムに参加したあとに、書きかけたまま中断していました。海彦さんに背中を押されたので(^^;)、最後まで書いて送ります。
　「牡蠣（かき）の森を慕う会」の畠山さんをご存じですか？　気仙沼の漁師さんです。「この時期は、『牡蠣入れ時』なんですが、来ましたよ」なんて笑わせながら、面白いお話をたくさん聞かせて下さいました。すらりと細身ながら、伝わってくる「現場」の迫力に素敵なショックを受けました。牡蠣の養殖に長年携わっていらして、「海がおかしくなってきた」ことを実感され、海から環境を考える活動をされた結果、漁師の植林運動を始めて、10年以上になるそうです。
　「森は海の恋人」というキャッチフレーズ、お聞きになったことがあるでしょうか？　私は1年か2年前に、『信濃毎日新聞』で子ども向けにこのお話を書きましたが、「ご本人」とお会いできて、とても嬉しく思いました。
　畠山さんたちは、「やっぱりいちばん大切なのは教育だ。しかも、公教育にできない教育、心を揺さぶる体験は、民間だからこそ与えられる」と信じて、いろいろな取り組みをされています。たとえば、森と海をつなぐ川の上流から子

どもたちを呼んできて、「プランクトンを飲んでみる！」経験をさせるそうです。インパクトありそうですよぉ。

　畠山さん曰く、「人間の排出するものはすべて海に来て、植物プランクトンに集約される。そのプランクトンを、プランクトンネットで採取して飲むだけで、子どもたちは自分のこととして、環境を考えるようになる」。

　そのときのメモをもとに、畠山さんのお話をもう少しご紹介しましょう。

　　私は、牡蠣の養殖をしている漁民です。おやじから養殖の家業を引き継いだときは、何も問題がなく、安定していました。しかし、昭和40～50年代から、海がおかしくなってきたのです。

　　たとえば、真っ赤な牡蠣ができるようになってきました。プロロセントラスミカンスの大発生です。1個の牡蠣が200リットルもの水を吸い込みながら大きくなりますから、赤潮を吸い込んでしまって、赤くなってしまいました。これではやっていけない、と陸に上がる仲間も出てきました。

　　でも自分は、この仕事が好きだし、これしかできないので、何とかできないか、と考えました。沿岸の公害は海から来るのではなく、人間の側（川や陸）から来るのです。東京湾には大きな川が16本流れ込んでいます。だから、信じられないでしょうけど、青々とした鹿児島湾よりも、東京湾の方が30倍も魚が捕れるんです。でも、養分のプランクトンだけではなく、海に悪いものもすべて川から来ます。町、工場、農地、森林まで、全部見ないと海はよくならない。よい牡蠣はとれない、と思いました。

　　行政に話しましたが、だめでした。それで、漁民自身が行動を起こさないとだめとわかりました。どうアピールするか？ と考えました。山を見てみたら、杉の単一林で、間伐をしていないので、山も荒れていたんです。では、漁師が山の上に、雑木の森を作るのはどうか。最終的には漁民の益にもなるんじゃないか。

　　このように考えて、12年前に「牡蠣の森を慕う会」を立ち上げ、「森は海の恋人」運動を始めました。木を植え続けていけば森は大きくなるが、川

の流域に住む人間の意識が変わらないとけっきょく変わらないんですね。牡蠣の側から見ると、「総論賛成、各論反対」がよく見えます。

　子どものときからの教育に期待するべきではないか、と考えるようになりました。大人はいろいろ抱えているから、カーブを切るのが難しい。早道は教育しかない、と。そこで、上流の子どもたちを海に呼んで体験させる活動を始めました。プランクトンネットでプランクトンを採取して、子どもたちに飲ませることもします。これだけで子どもたちは、自分のこととして環境を考えるようになります。

　10年間で5000人の子どもたちを呼びました。費用はかかりますが、行政からは支援を受けていません。活動用に大きな機械を買うときには企業の助成をもらいますが、それ以外は身銭を切ってやっています。

　行政が「教育」の専門家を雇って説明させても、知識にはなるけど、子どもの心は動きません。自分たちは貧しい漁民ですが、その生き様を見てもらうことがまず大切だと思ってやっています。

　何より、流域の人の意識が大切です。十数年やっていて、流域の人の意識が変わってきました。そして、ウナギやタツノオトシゴも取れるようになってきたし、海の生き物が戻ってきています。そういうところに、子どもたちに希望を与える要素があると思います。

　畠山さんたちの活動は、小学校5年生の教科書にも載っているそうです。近くに小学生がいたら、教科書を借りてみて下さいな。どうして牡蠣の漁師さんが、山に木を植えるのだろう？　と思われる方にも、「シッテイルヨ」と言う方にも、ぜひお読みいただきたい本があります。畠山さんと北海道大学の松永先生が、わかりやすい言葉で、熱く語りかけている本『漁師が山に木を植える理由』(成星出版)です。

　私は現場の人間ではないので、現場の方々の迫力と取り組みを少しでもお伝えするお手伝いができれば……、と思っているのですが、[No.49]の自己紹介で、「幼少の頃は色白で舞子さんをめざしていたが、5歳で宮城県の田舎に転勤し、

毎日野山を駆けめぐって遊ぶ野生児生活で真っ黒になり夢破れる。しかし、この時期に五感で体験した『大地とのつながり』が、今の自分の活動の一つの原点であるような気がしている」と書きました。

この本で、畠山さんも松永先生も、「自然に親しんできたことで、いまの自分がある」とおっしゃっているのを読んでうなってしまいました。

小学校からの英語教育などが議論されていますが、もっともっと大切なことがあるのじゃないかな、と思います。国際時代に生き残ることより、地球が生き残ることを考えるのが先じゃないか、と。

テレビゲームやパソコンで家に閉じこもり、自然にふれあう機会もなく育った子どもたちの中から、畠山さんや松永先生のようなファイトと熱い思いで、何とかしよう！と立ち上がる人間が出てくるのだろうか……。

でも、畠山さんがおっしゃっているように「公教育で与えられない教育を、民間でも提供できるはず」ですよね。海彦さんとその仲間の皆さん、期待しています！

ひっそりと時代の最先端、経木（きょうぎ）工場見学記

No. 406 (2001.02.24)

私は富山へ出張する機会が多いのですが、そのたびに「鱒寿司」をいただいたり、おみやげに買って帰ります。美味しいですよね。これまでは「中身」にしか興味がなかったのですが(^^;)、その美味しい鱒寿司が美味しく入っている「箱」はどうやって作られているのか、初めて知りました。

経木（きょうぎ）ってご存じですか？ 木材を薄く削りとったもので、「薄経木」という厚さ0.25ミリのものはおにぎりを包んだりするのに使います。「厚経木」と呼ばれる厚さ1ミリのものは、ぐるりと輪にすれば「曲げ物」（底とふたをつけて、お弁当や和菓子の容器になります）。2枚張り合わせて折り目を付ければ、角形のお弁当箱のぐるりになります。それから、魚屋さんや八百屋さんで値段が書いて置く「手札」にもなります。

北見でこの歴史ある「経木」を作っている中村経木の工場に連れて行ってもらいました。とっても素敵な経験だったので、ご紹介したいと思います。

　原料は北海道のエゾマツです。元玉と呼ぶ、木の元の節のない部分を使います。お祖父さんは曲輪職人だったという2代目、中村さんの工場は、小さいけど温かい空気の中に職人さんたちの＜気＞が感じられる、そんな工場(こうば)でした。

　小雪のちらつく中、工場の前で「皮むき」をしていました。運ばれてきた太いエゾマツの木の樹皮をほとんど手作業のように器具を使って剥きます。大きな製材工場だと轟音と共に一瞬にして裸の木がごろりと出てくるのですが、ここでは、木を転がしながら少しずつ剥いていきます。

　樹皮が向けたら、「玉切り」です。折箱の大きさに合わせて、46〜76センチの長さに木を切ります。

　次が「割り作業」と呼ばれるもので、薪割りのようなものです。すとんとした丸太の棒を、鋸で切るのではなく、縦方向に割るのだそうです。このように「割る」のは、自然（木）に逆らわないので、割った断面は木の節や癖でガタガタです。それを見ながら、取り方を考えるそうです。一本一本の木と"相談"しながら、「木取り加工」をします。必要な長さや幅を考えながら、木の長さを揃えたりします。

　そしていよいよ「突き作業」と呼ばれる「剥(へ)ぐ」作業です。とても簡単な造りの機械で、言ってみればカンナの歯を上向けに置いた上を、枠が左右に滑るだけです。その枠に木の板を置いて、枠といっしょに滑らせると、カンナの歯で薄く削られて、下のローラーで伸ばされて出てきます。1分に50枚という、リズミカルな動きです。

　その前に立つ職人さんはとても忙しく、キビキビと動いていらっしゃいます。手は板を押さえて忙しく左右させながら、出てくる薄い板片をすばやく調べて、カンナの歯を微調整しています。「同じエゾマツからとっても、堅い板もあれば柔らかい板もありますから」とのこと。

　削っているうちに節などが出てくると、それ以上は削りません。本当に「木と相談しながら」作業なさっているようでした。この作業は職人芸です。経験

が要るそうです。木に「耳を傾ける技能」なのだろうなぁ、と思いました。

　ローラーから次々と出てくる薄い板片を集めて、ざっと調べながら揃え、「両端落とし」です。大きさを揃えて、乾燥室で4日ほど「乾燥」させます。乾燥室には、細かい仕切がついた棚がたくさん並んでいて、この薄い経木を2枚ずつその仕切に入れ、十分に空気に触れるようにして、乾燥します。もちろんすべて手作業です。

　最後に、もう一度寸法を合わせ、検品をして、梱包して出荷です。何とも手を掛けた作業です。富山の鱒寿司で言うと、この近辺の二つの工場で作った厚経木を富山や金沢の折箱屋さんが箱に仕上げるそうです。鱒寿司をいただくたくさんの人々の美味しい気分は、このような工場の職人さんたちが支えてくれているのですね。

　さて、節が出てくるとそこで削るのをやめると書きましたが、そのような板は節の部分を切り落とし、寸法が小さくてよいもの用にまた削ります。お弁当箱のフタになり、フタの大きさにならないものはもっと小さな手札などになるそうです。そうして、最後の最後まで使い切ります。

　時には、老齢過熟木と言って、赤く変色しかかった木もあります。倒れる直前の木なのでしょう。それも大切に削ります。ただ色が見えるとお客さんがいやがるので、薄経木を作って、でんぷんのりでサンドイッチにして、色は出ないように工夫して、やっぱりすべて使い切るそうです。

　最初に剥く皮も使い道のない木片もおがくずも、工場や乾燥室の薪ストーブの燃料になります。手作業の助けになるくらいの簡単な機械は電気で動きますが、その他のエネルギーは人力だけ。廃棄物もなし。「わぁ、究極のゼロエミッション工場ですね！」と言いましたら、笑っていらっしゃいました。

　「昭和35年にはこういう工場は50軒もありました。今では8軒だけです。その8軒で力を合わせてやりくりしながら、問屋さんや折箱屋さんとの昔ながらの関係に支えられて、何とかやっています」。「老舗のお弁当屋さんは、今でも経木のお弁当箱を使ってくれます。関東なら、柴又の寅さんのお団子の箱にもありますよ。崎陽軒のシューマイ弁当もそうです。他のは紙に切り替えても、これ

だけは、と使ってくれています」と。そして「最近は、木の香りを臭いと嫌う人がいるとかで、紙への切り替えも進んでいるのですが」と淋しそうにおっしゃっていました。

　最初から最後まで作業を見せていただいて、「ここの職人さんは、きっと『ききみみずきん』をかぶっているんじゃないかな？」って思いました。かぶったら木や鳥や動物のことばがわかるという「ききみみずきん」です。「いくら最先端のCADだって勝てないだろうなぁ」と。このように木と相談しながら、どこをどう活かして削ればいちばん上手に、最後の最後まで木を使えるのか、職人さんは本当にスゴイ！と思いました。

　この工場に「きっと貴方好みだと思いますよ」と私を連れてきてくれた木材業者の北端伸行さんが、「在来工法は、そういうものなのです」とおっしゃっていました。「木を見ながら、最大限に木を有効活用するやり方なのです」と。最近、少しばかり2×4や集成材についても勉強させてもらっているので、私にも少しその意味がわかりました。

　そして、「いただきます」とは、「（あなたの）命をいただきます」だという言葉を思い出しました。北海道の寒い森の中でしっかり根を張って育った立派なエゾマツを、職人さんたちが余すところなく大切に使い切って作るお弁当箱や手札。

　しっかり「いただきます」と言って使わせてもらい、「森を守るため」というヘンなリサイクル意識で化石燃料を投入してリサイクルしたりするのではなく、ちゃんと土に還すか（埋めれば還る「究極の生分解性製品です」）、灰にして自然に還すかして、自然の循環に少しでも沿うように、そして無駄のないように、使わせてもらうことだなぁ、と思ったのでした。

　「ゼロエミッション」とか「循環型」とか「自然に還る製品」とか、近年新しいキーワードのように叫ばれていますが、ここ留辺蘂町（るべしべ）では、ずーっと昔からひっそりとそのような生産を続けてきたのですね。

　古いモノが新しい。新しいモノを追っていったら「昔」に還ることだという思いを時々しますが、「循環型」というコンセプトも循環するのかしら、と思っ

たのでした。自分の尾を噛む蛇、ウロボロスみたいに。

　これからはシューマイ弁当にしても鱒寿司にしても、中身ももちろん大事に味わいますが(^^;)、その箱をじーっと見て、遠い留辺蘂町の薪ストーブの暖かな工場の職人さんのリズミカルな動きと真剣な眼を思い出しそうです。しっかり「いただきます」！ 駅弁の楽しみが深まりました。

ネパールの路上ホームレスの子どもたちに避難所を
No. 434 (2001.03.31)

　数ヶ月前に、ニュースの読者の方から、「ネパールのボランティアを支援したいと思っている」とメールをいただきました。

> 　地球の貧富の差が環境にも影響を与えていると思います。Edahiroさんは顔が広くご理解してくださるかもしれないと思いメールをします。インターネットで地球のために少しでも貢献できれば嬉しいなと思います。メールで皆様に呼びかけてくださると嬉しいです。

　私は、以下のようなお返事を差し上げました。

> 　私はそんなに顔が広くありませんが、自分のニュースなどでご紹介するというお手伝いはできます。ただこのプロジェクトは私のプロジェクトではなく、ご自身のプロジェクトですから、ご自身の思いや熱意が、ニュースでの転載を通じて伝わってくることが大切だと思います。
> 　また、読んでも実際にアクションを起こしてくれる人はごく少数だと思います（だからと言って、その他多数が無関心、というわけではないのですが）。考え付くかぎりの手立てやチャンネルをお使いになることをお薦めします。
> 　また蛇足ですが、援助する側（たとえ1000円の寄付でも）は、自分の寄

付金がどういう風に使われ、どういう効果を上げるのか、また上げたのかを知りたいと思います。そのあたりのフォローの体制も含めて、お書きになるとよいと思います。

そして先月、再びメールをいただきました。

　ネパールのボランティアを支援し始めました。その後、ネパールから資料や写真も送られ、ホームページにまとめました。日本からネパールへの送金は難しかったのですが、なんとか寄付金の送金も少しずつ実現し、ネパールからも、入金しそれがどう活かされたかについて報告が届きました。
　ささやかなお金で、ホームレスの子どもたちの家の屋根が丈夫なコンクリートになったり、男子と女子のトイレが別にできたと大喜びです。ホームページにも経過を逐次載せるつもりです。やっと動き始めました。

とっても嬉しいメールでした！　さっそく、HPを見せていただきました。
http://www.miaki.com/earth/

　21世紀最初の一歩、地球のために一緒に踏み出しませんか？　日本の僅かなお金が何十倍、何百倍も増幅して有効に地球のために活かされます。必要な所に必要なものを直接、無駄なく確実に回しましょう。
　進行状況や成果が、ホームページ上ですぐに見れるようにしたいと思っています。ネットからのご意見も即座に反映させていきたい、と思っています。ネットでいかに社会貢献できるかの挑戦です。ご参画をよろしくお願い致します。

HPの一部を転載させていただきます。この方がどうして、このような活動を始めたか、私同様ワクワク読んでいただけることでしょう。

ネパールのカトマンズの空港からヒマラヤ登山の基点ポカラ行きの飛行機に乗ろうとする時、霧のため2時間飛行機が遅れた。うんざりしながら待つ間、品のいいサリーを着た女性と目が合ってにっこりされ気になった。彼女は私たちの隣に腰掛け、会話が始まった。……

　話しているうちに、彼女は奉仕活動を行っているりっぱな方であることがわかる。名前を書いてもらったら、名前の前にDr.をつけた。アメリカでPh.d.を取り、カリフォルニア大学バークレー校で女性学の教授をしていたことがわかる。ネパール女性が留学して、その地位を獲得するには並々ならぬ努力をしたに違いない。話せば私とほぼ同じ年齢だ。40歳で結婚して、今は3歳の男の子がいると写真を見せてくれた。

　彼女は、子供の頃はマザー・テレサと暮らし、今は大学の教授職を辞めてネパールの貧しい人々のために活動をしている。ネパールの貧困問題を話す。貧しい家には子どもがたくさん生まれる、母親は教育を受けられないので無知で子だくさんとなる、小さな子どもは弟妹の世話したり、生活のために働く、だから子どもたちも教育を受けるチャンスがない、そうやって人々が貧困となり、社会問題になるのだ。子どもだけでなく、母親を教育する事もいかに大事かとも語る。

　彼女が支援しているプログラムのパンフレットを見せてくれた。写真に写っている女性は、17歳で最初の子どもを持ち、24歳になった今は、4人の子どもがいる、しかし、そのうちの二人は目が見えない。栄養失調で妊娠するので、子供が視覚障害となる確率が高くなるのだ。ミーナさんは、そのような子どもたちの盲学校を支援している。…

　彼女は、女性の自立支援も積極的に行なっている。聴覚障害の娘を持つ母親のために、ミシンをプレゼントしたそうである。最初はパンジャビを作り始め、小物なども上手に作るようになった。8ヶ月ほどで会社を作ったそうである。援助という名目でNGOなどにお金を回しても、実際に本当に困っている人のところにはなかなかいきわたらないそうだ。人件費や仲立つ人の高価な車や家などに消えてしまうことも多いそうだ。そういう組織

でなく、本当に必要な人に必要な物を直接手渡すことがどんなに大切で、直接関わることが大切と強調する。金だけ出し、口を出さない日本人の援助の在り方も問われる。……

ミーナさんは「女性たちよ、いい服を着て、いい物を食べて、社会に貢献しながら、幸せに暮らそう、そういうクラブを作ろう。与えれば与えるほど豊かに受け取れる」と体験から語る。豊かな国の人々は、ほんのわずかな愛を貧しい人々に廻せば、どんなに地球社会全体が豊かになれるのだろう、と考えさせられた。……

ミーナさんの家に招待され意気投合して長々話し込み、夜遅く帰る。翌日は盲学校を案内してくれることになった。東京にストップオーバーする時は再会しようと約束した。飛行機が遅れたばかりに友達になれたと喜び、心の友を得て、ほのぼのとした気持ちになった。

日本の親愛なる友人たちへ
ナマステ、ネパールのポカラから、こんにちは

　何故手紙を書いているかと言えば、ネパールのたくさんの家のない障害を持つ子どもたちと私の関係を、日本の皆様と分かち合うためです。ごく最近、私は日本からネパールに訪問してきたMiaki Nakashio というとても親切な人に出会いました。ネパールのボランティア活動を見せると、彼女は感動し、協力を申し出ました。彼女は、日本の友人たちと子どもたちとの関係を分かち合うことができるように、この計画に関して詳細を書くようにアドバイスしてくれました。

　3000年前、ネパールは偉大なブッダの生誕の地でありました。でも今では、私は小さなブッダたち、路上で一人で生きて、あるいは群れをなして生活し、飢えと痛みと信じられないほどの社会的不当な処置を受けている子どもたちを目の当たりにするのです。

　私は、アメリカで20年間以上過ごし大学で教えた後、2年前に母国へ引越してきました。母国の人々の深刻な生活状況を受け入れずにはいられなく

なりました。特に、大変酷い境遇にある子どもたちと女性たちにです。

　私たちは、親切なMiakiさんと友人がネパールのポカラへ私たちの仕事と努力の試みを見に訪ねてきてくれ幸運でした。この計画について私たちを助けることに興味をお持ちの方は誰でも、Miakiさんに連絡をとり、この計画を実行するための私たちの高い動機付けとなった私の国の貧しい姿と、献身的に奉仕している活動をどうぞ分かち合ってくださることを願っています。

　ネパールは、美しい国です。豊かな自然に恵まれ、世界で最も美しい山々があります。しかしその山の中に、たくさんの誠実で勤勉で優しく、しかし世界の中で最も苦しみ、悩んでいる人々がいるのです。

　この手紙を読んでくれて、ありがとうございます。私たちに時間を割いてくれたことを感謝します。

感謝をこめて

　ミーナさんの人生とMiakiさんの人生、飛行機が遅れたおかげで交差したのですね。日本語には「ご縁」という言葉があって嬉しいなぁ、と思います。そして、交差することは誰にでもどこででもいつでもあるのだけど、その「ご縁」に応えて、一歩踏み出されたMiakiさんに心よりエールを送ります。マーガレット・ミードの「どんな大きな社会運動も、始まりは一人だった」という言葉は、多くの人の励みになると思います。

　HPには、これまでのミーナさんとのメールのやりとりやプロジェクトの進捗状況が全部わかるようになっていて、透明性や公開性の確保という点でも"環境コミュニケーション"のお手本になります。そして温かい空気がゆっくり流れている……そんなページです。

　世の中には「必要なのにいまどこにもない」というものがたくさんあります。「それじゃ、作っちゃおう！」という気概ですね。これが各地で誕生しているNGOやNPOのそれぞれの根底にあるのだと思います。

　そして、熱い思いで始まったとしても、活動は一個人の気概だけでは続きま

せん。「それなら自分にできること、手伝おうか」というサポートがあってこそ。どこかで思いが重なる人々がきっといっしょにやってくれるのだと思います。これはこのニュースを始めて、またいろいろな環境に関わる活動を始めてみて、私自身が心の底から実感し、感謝していることです。

　Miakiさんがどのようにニュースを読み始めて下さったのかわかりませんが、私の人生ともちょっと交差させてもらえたようで、とっても嬉しく思っています。そして、もっともっと思いが重なる方々がいらっしゃると思います。お互いに愉しさや嬉しさを味わわせてもらいながら、頑張りましょうね！

川口市民環境会議の取り組み「市内一斉エコライフDAY」

No. 452 (2001.04.25)

　アースデー、いろいろなイベントがあったようですね。そのようなイベントのお知らせをいくつかメールなどでいただきましたが、「環境マーケティング」的に面白かった、アメリカからのメールの頭の部分をご紹介します。

　「今日はアースデー。他の日と同じように、今日も1650万トンの二酸化炭素が大気中に排出され、地球を温めます。来年のアースデーまでに60億トンもの二酸化炭素が大気中に増えることになるのです」

　日本のイベントのお知らせは、「アースデーの歴史」から入るところが多かった印象を受けましたが、こんな数値を使った導入もひとつの工夫かな、と思います。

　さて、では日本人は一日に何グラムの二酸化炭素を出しているのでしょうか？　一日に2万6740グラムだそうです。（1997年度データ。以下、数字は二酸化炭素換算値）。

　では、何をどうすれば、何グラムの排出を抑えることができるのでしょうか？

　たとえば、25型のテレビを1時間消すと48グラム、80wの照明を1時間消して35グラム減らすことができます。レジ袋（重さ6グラム）を1日に2枚もらうのをや

めると48グラム。びん、スチール缶、アルミ缶、ペットボトル、紙パックをそれぞれゴミにせず、リサイクルした場合に節約できる二酸化炭素量は、1本あたり、びん110グラム、スチール缶40グラム、アルミ缶180グラム、ペットボトル70グラム、紙パック150グラムだそうです。

このような具体的な数値には、説得力があり、そして「やればこれだけは減らせる」(塵も積もれば……) という達成感もあって、「価値観」にも「行動」にも影響を与える力があると思います。

このような数値をじょうずに使って、「取り組みの動機付け」と「取り組みの成果を目に見える形」にした活動があります。「人まち元気・かわぐち2000年ミレニアム記念事業　市民提案夢づくり事業No.2『市内一斉エコライフDAY』」です。「市民が一斉に、一日、地球環境を考えた行動をし、二酸化炭素を減らしました」という報告書と詳しいデータをいただきました。ステキな"目に見える"取り組みだと思います。

＜実施内容＞

実施日：2000年9月3日（日）

　埼玉県川口市では、市のミレニアム記念事業として、市民が事業の企画を提案するとともに、実施にあたり提案者が主体的に関わる11の「市民提案夢づくり事業」を行っています。今回はその一つで、「川口市民環境会議」のメンバーがこの事業を提案実施しました。

　実施すると減らせる二酸化炭素量が書かれたシート（一日版環境家計簿）を独自に作成し、これを手に、市民みんなで環境に配慮した一日を過ごして、その効果を合計してみようというものです。

　市内全世帯に配布する市広報紙にシートを掲載して参加を呼びかけると共に、市内小中高の学校へ配布し、児童生徒及びその家族へ参加をお願いしました。また、市内大手スーパー、市職員、保育園利用者、公民館利用者、市内のボランティアグループなどにも参加を呼びかけました。

＜ねらい＞

　環境に配慮した行動をとる人がまだまだ少ない日本。環境家計簿をつけるのがおっくうという人も、環境問題を普段あまり考えたことのない人も、一日だけならやってみようかな…というのが、ねらい。たった一日でも、自分の生活を振り返り、環境問題に気づくキッカケになればと思います。

＜エコライフ行動チェックシート＞

［記入上の注意事項］

・チェック項目のものを所有していない場合は「はい」に○をつけてください。

・いつも行っている項目についても「はい」に○をつけてください。

・最後に「はい」に○をつけた項目の数とCO_2量を合計して下の枠に記入してください。

1. 部屋を空けるときは、照明を消した。　はい・いいえ　35ｇ
2. 他の用事をするときは、テレビを消した。　はい・いいえ　48ｇ
3. 自動販売機の飲みものを買わなかった。　はい・いいえ　4ｇ
4. 長時間使わない電気製品は、コンセントからプラグを抜いた
　　（テレビ・エアコン・充電器など）。　はい・いいえ　84ｇ
5. 長電話をしなかった。　はい・いいえ　1ｇ
6. 冷蔵庫のドアの開閉を少なくした。　はい・いいえ　18ｇ
7. 買い物袋を持っていき、余分な包装は断った。　はい・いいえ　48ｇ
8. 過剰包装の品物を買わなかった。　はい・いいえ　26ｇ
9. 新聞やダンボールは、資源回収に出せるようにした。　はい・いいえ　37ｇ
10. びん・かん・ペットボトル・牛乳パックは、資源回収に出せるようにした。
　　はい・いいえ　550ｇ
11. ペットボトル入りの飲みものを買わなかった。　はい・いいえ　87ｇ
12. エコ商品やリサイクル品（トイレットペーパーなど）を使った。
　　はい・いいえ　23ｇ

13. ぬれた手や汚れを拭くときに、ペーパータオルやティッシュを使わなかった。
　　はい・いいえ　6ｇ
14. 自家用車やバイクを使わずに、徒歩・自転車・バス・電車を利用した。
　　はい・いいえ　880ｇ
15. 車を長く停車するときは、アイドリングストップした。
　　はい・いいえ　147ｇ
16. 歯磨き・手洗い・シャワーなど水道の水は、こまめに止めた。
　　はい・いいえ　235ｇ
17. お風呂はさめないうちに、みんなで続けて入った。　はい・いいえ　180ｇ
18. 給湯器や風呂がまの種火を、こまめに消した。はい・いいえ　4ｇ
19. シャンプーや台所用洗剤は、使いすぎず、適量使った。はい・いいえ　123ｇ
20. 食べものを無駄にしなかった。　はい・いいえ　36ｇ

＊チェックシートの内容は、事情により、2001年度のものを掲載してあります

　‥あなたのエコライフ度チェック‥

　「はい」の数が

・7個以下…このままだと地球の未来はたいへんなことになるよ。
・14個以下…もっと環境のことに関心をもとうよ。
・15個以上…21世紀の環境はまかせたよ。

　　　　　　　　　記入した方の　　年齢　　歳　　性別　男・女

＜エコライフDAY実施結果＞
1万7625人が参加し、二酸化炭素1604万4834ｇを削減しました。

＜この二酸化炭素を、身近なものに置き換えてみると＞
・石油…32本のドラム缶に入った石油を節約したことになります
・お金…83万円を節約したことに（電気代から算出）

・木　…1152本の木が1年に吸収する量に相当
　　　（直径26cm、高さ22mの50年杉で算出）

＜これからに期待すること＞
　始まる前は、何人の参加者があるだろうとハラハラドキドキでしたが、最終的に約1万7000人の参加が得られました。ひとりひとりの行動はわずかでも、多くの人が行動すれば沢山の二酸化炭素を減らすことができるんだということを感じていただけたと思います。
　今年11月13日から、オランダ・ハーグで「気候変動枠組み条約・第6回締約国会議（COP6）」が開催されます。1997年の京都会議で、"2008年から5年間の温室効果ガス排出を1990年レベルより6％削減する"と決めてから3年がたちました。しかしながら、この間、温室効果ガス（二酸化炭素など）は増え続けています。
　もう、待ってはいられません。今回、一人ひとりがエコライフすることで減らせる二酸化炭素の量は、非常に大きいということがわかりました。これを機会に、エコライフを継続する人が一人でも増えていくことに期待をしています。このエコライフの種は、今、芽がでたばかりです。いつの日か、きれいな花が咲き、実がなってくれることを願っています！

　「誰でも取り組みやすい」「成果がわかる」ステキな取り組みでしょう！川口市がチェックシートの配布に協力してくれているとのこと。「民」からの動きに「官」がいいサポートをしている協働の一例ではないかと思います。
　この仕掛けグループである「川口市民環境会議」について、設立なさった浅羽理恵さんに教えていただきました。一度お目にかかりましたが、しなやかな感じの素敵な女性（たぶん私と同世代）でした。

　「川口市民環境会議」は、現在会員33名です。メンバーは、30代から60代が多く、主婦、自営業、学校の先生、定年退職した方など、さまざまです。

1999年12月に設立しました。当初は、会の名前の通り、「市民環境会議」を市内で開こうと思って作りましたが、できたてほやほやの会が開催するものでは、参加者してくれる人も少なく（「市民環境会議」の開催は）まだ難しいだろう……ということで、しばらく見送っています。
　そこで、今、一番、何が必要なんだろうと検討していくうちに、「グリーンコンシュマーが増えること」にたどりつきました。そのようないきさつで、「グリーンコンシュマーを増やす！」ことを中心に活動しています。
　「市内一斉エコライフDAY」の他には、講演会（「ドイツと日本の環境教育」など）や、環境講座（「お買い物で環境ボランティア講座」など）を企画したりしています。
　余談ですが、私は10年間、電機メーカーでSEをしてきました。環境に関心をもちつつも、忙しい毎日の中では、行動に移すことがなかなかできず、ジレンマの日々を送っていました。数年間悩んだ末、会社を辞めて、今、このようなことをしています。
　その中で、強く感じたことは、「忙しい日々を過ごしている人も、その生活の中で、環境を良くしていけるキッカケ・しくみを作りたい」ということです。きっと、以前の私のような悩みをもっている人は、沢山いるんだと思います。そういう人たちを（子どもも含めて）応援したいなぁと思っています。
　もう一つ余談ですが、会社に勤めている間、忙しくて忙しくて、目の前にある仕事をこなしていくので精一杯でした。環境に悪いことをしようと思っていなくても、ひょっとしたら、やってきた仕事の中には、環境に悪い影響を与えてしまったものもあるかもしれません。
　でも、周りにいた人たちも（私も）、その仕事に誇りを持って、一生懸命にやってきたことだけは確かです。真面目に、一生懸命に、仕事をしている人ばかりでした。（だから、NHKの番組『プロジェクトX』を見ると、私も、泣けてきてしまいます……）。
　今、メーカーに勤めている人や、役所で働いている人たちも、きっと同

じ気持ちだろうなと思います。だから、(〜しないのが悪いとか)誰かを責めるんではなく、自分たちが行動(環境に良い行動)をしていくことで、変えていきたいなと思っています。

　今年は、(まだ案の段階ですが)「市内一斉エコライフDAY」を実施する前に、子どもたちに、「何でそういうことをするのか」を知ってもらうための説明(授業)を、学校に出向いてしていきたいなと思っています。

　また、シートの裏には、「こうしたら、環境に良い暮らしができるよ」というアイディアを載せようと考えています。最後にもうひとつ、子どもたちに、ひとつでもいいから「これを続けるゾ！」宣言を書いてもらおうかなぁ、そういうことで、今後につなげられたらなぁと思っています。

　川口での有志市民の動き、大きなうねりになっていくことと信じています。各地での取り組みの参考にもなるのではないかなぁ、と思います。このチェックシートや、数値の算出式、算出のための参考資料等もデータでいただいていますので、ご関心のある方はお問い合わせ下さい。

　こういう方々と出会える、取り組みを教えてもらえる、思いを共有してもらえる。だから私の活動も楽しくて嬉しくて、このニュースもやめられないんですよねぇ！

センス・オブ・ワンダー
No. 463 (2001.05.06)

読者からのメールに触発されて、ある文章を引用したいと思います。

　私は子どもにとっても、そして子どもを教育しようと努力する親にとっても、「知る」ことは「感じる」ことの半分の重要性さえももっていないと固く信じている。もしも、もろもろの事実が、将来、知識や知恵を生み出す種子であるとするならば、情緒や感覚は、この種子をはぐくむ肥沃な土

壌である。

　幼年期は、この土壌をたくわえるときである──美的な感覚、新しい未知なものへの感激、思いやり、憐れみ、感嘆ないしは愛情といった感情──このような情念がひとたび喚起されれば、その対象となるものについて知識を求めるようになるはずである。

　それは永続的な意義を持っている。消化する能力がまだ備わっていない子どもに、もろもろの事実をうのみにさせるよりも、むしろ子どもが知りたがるようになるための未知を切り開いてやることの方がはるかに大切である。

　これは、レイチェル・カーソンの言葉です。彼女のこのような思いは『センス・オブ・ワンダー』に託され、彼女が亡くなった翌年に出ました。日本語訳は、新潮社から出ています。そしてこの春、日本で映画化されました。『奪われし未来』(翔泳社)の著者のお一人、ダイアン・ダマノスキーさんの講演と、レイチェル・カーソン日本協会の上遠さんとの対談の通訳＆司会という機会から、レイチェル・カーソンに出会うことができました。『レイチェル・カーソン』(ポール・ブルックス著、新潮社)から、もう1ヶ所引用します。

　シュバイツァー博士は、もし私たちが人と人との関係にしか関心を持ちえないならば、私たちは真の文明に目覚めていないといわれたことがあります。

　重要なことは、人間とあらゆる生命との関係です。この時代ほど、その言葉が悲劇的に見過ごされたことはありません。私たちはいま、自然界に対し、技術を用いて戦っております。

　文明にはそのような行為が許されるのか、果たしてそれは文明の名に値するのか、これはきわめて正当な疑問であります。不必要な破壊と災難を黙過することにより、私たちの人間としての地位は低められます。

　世界中の人々は、シュバイツァー博士に敬意を表しておりますが、彼の

哲学をほとんど実行に移しておりません。

　ダマノスキーさんの講演＆対談会の打ち合わせの時に、「センス・オブ・ワンダー」はどう訳せるのでしょうね？　という話になりました。ちなみに『センス・オブ・ワンダー』を訳されたのは上遠さんご本人ですが、適訳がないのでいろいろお考えになって、カタカナにされています。

　上遠さんは対談の中で、「センス・オブ・ワンダーというのは、心の動きです。人間はすべてを理解できる、という考え方に対抗するものと言ってもいいでしょう。つまり、科学的には解明できない美やプロセスがあるということを謙虚に認めること、頭や知性で理解することがすべてではない、ということです」とおっしゃっていました。

　ダマノスキーさんに、「センス・オブ・ワンダーと英語で言うと、どういう感じなのでしょう？」とお聞きしたら、「へりくだる気持ち、謙譲の心」と教えてくれました。

　私は「！」とか「わぁ、すごい！」ってことじゃないかな、と思っています。もうちょっと言うと、きっとそういうときは、自分を守ることも飾ることもせず、ありのままの自分をぽんと投げ出すような感じ。相手を操作しようとか、負かそうというのではなく、一緒にいさせてもらう感じ。相手がまずあって、自分はただその場にいるって感じでしょうか。「わぁ、すごいなぁ！」と思うときには、謙譲、感謝、喜びなどの言葉で表される感情が心に満ちているのでしょうね。

　そして、年を重ねた分だけ、センス・オブ・ワンダーをたくさん胸に抱いていらっしゃる上遠さん、本当に素敵な方だなぁ！　と思ったのでした。レイチェル・カーソンの評価（再評価）は、アメリカより日本で高まっているように思いますが、環境の世紀への上遠さんたちの思いと努力のおかげでもあるでしょう。「女の人は時代といっしょに年を取っていくべきで、自分の年齢といっしょに年を取ってはいけません」というシャネルの言葉がぴったり！の方です。

『センス・オブ・ワンダー』とレイチェル・カーソン、そして上遠恵子さん

No. 518 (2001.07.24)

　レイチェル・カーソンの本を映画化した『センス・オブ・ワンダー』の上映がはじまっています。アメリカの若い母親のための雑誌に執筆されたエッセイを、彼女の死後、友人たちが出版した本です。子どもたちの「センス・オブ・ワンダー」、つまり自然の神秘や不思議さに対する感性が、どれほど大切であるかをつづった作品です。

　「どうやったら、もっと多くの人にしっかりと現実を直視して、しっかり考えてもらえるのだろう？」と、私も思うことがありますし、よくそのような趣旨のメールもいただきます。レイチェル・カーソンも同じことを感じていたようです。そして、彼女はどう考えていたのか？　レイチェルのことばを紹介します。

　　そのような存在を知れば、どうしても関わりを持ってしまうような不愉快な事実に、目を向けることを人々は好みません。そのような無関心さと非積極性の障壁をどうして突き破るかは大問題です。
　　私にとって、それが可能であるかどうかわかりません。しかし、現実にそれを手がけてしまったのですから、読む意志のある人々の評価に耐えるものを書く以外に、選択の道は残されていないわけです。私自身の主たるよりどころは、すべての事実を整理し、それら自身に徹底的に語らせることにあると思っております。

　彼女は真実を書くことを通じて、自分のやるべきことと信じたことを実現したのでした。『沈黙の春』（註：日本語訳は新潮社から出ている）をどれほど苦しい境遇と病気の中で書き上げたのか、書いた結果、どれほどひどい圧力を受けて大変な思いをすることになったことか。

　『沈黙の春』が1枚1枚と完成に近づいていたころ、彼女はこのようなことばを

残しています。「関節炎と虹彩炎といったふたつの重荷を引きずりながら、私はのろのろと、そして喘ぎながら仕事を進めています。それはあたかも、走ろうとして走れない、あるいは車を運転しながらそれが動かない悪夢に似ています。しかし、どうやら目標に到達することができそうです。もちろん、十分に満足はしていませんが。私はいま『子どもにセンス・オブ・ワンダーの心を』という本や『傲慢な人類と自然』といったものを執筆するための時間がほしいと思っております」。

　この望みはかなえられませんでしたが、彼女の死後、『センス・オブ・ワンダー』は本となり、その本に基づいた映画が今年上映されているのですね。彼女のことばでご紹介したいものはたくさんありすぎて、引用しきれないのが残念です。レイチェル・カーソンは、1964年に56歳でその生涯を閉じました。彼女自身のことばによれば、「すべてのものは、最後には海に帰っていく——大陸をめぐる大海原のなかに。それは時の流れと同じく永遠に流れつづける。それは、始まりであり、終わりでもある」。

　この『レイチェル・カーソン』をはじめ、『センス・オブ・ワンダー』などの本を翻訳された上遠恵子さんは、『レイチェル・カーソン』の最初の日本語版（1974年）の訳者あとがきに、こう書いていらっしゃいます。

　　レイチェル・カーソンが世を去ってから10年、この地球には地下に眠る彼女の魂をゆりさまさずにはおかないようなことが数限りなく起こっている。彼女が生涯を通して愛しつづけた自然——この生命の故郷である海と大地——を、われわれもいとおしみ大切に保存しなければならないということを、本書を読まれる方々に感じ取っていただければ幸いである。

　そして、それから約20年、新装版が出た1992年の訳者あとがきには、このようにお書きになっています。

　　生命の森と言われる熱帯雨林——ここにはまだ同定されていない種を含め

て地球上の7、80％に及ぶ生き物が棲んでいる──は、恐ろしい速さで伐採され消えていき、絶滅に追いやられる野生生物の種は、増えつづけている。さらにオゾン層の破壊、二酸化炭素の増加に伴う地球の温暖化等々、人類は破滅の道を歩みだしているのではないかと悲観してしまうような事実が次々と報告されている。

　私たちはレイチェル・カーソンの警告を生かし切れなかったのだろうか。『沈黙の春』から30年たち、環境問題はより複雑になってきている。この問題はつきつめていくと南北問題としてとらえなければならず、お金や技術だけで解決できるものではない。私たちは、個人のレベルではもっと豊かにもっと便利にという生活スタイルの見直し、大きな単位では、生産構造を経済性だけを考えて使い捨てて行く型から、ゆっくりと循環していく型に変えていくべきではないだろうか。……

　この本を手にとられた読者の方々は、レイチェル・カーソンというひとりの穏やかな控えめな女性のひたむきな生き方を、彼女が愛してやまない生命の輝きを守ろうとした戦いの姿を感じ取っていただきたいと思う。

　映画『センス・オブ・ワンダー』は、上遠恵子さんが、その舞台となった米国メイン州に現存するレイチェルの別荘周辺の森や海辺に四季を訪ね、原作を朗読し、その世界を追体験するという朗読ドキュメンタリー映画です。

　上遠さんがレイチェル・カーソンの生き方に抱いていらっしゃるであろう感嘆の念を持って、上遠さんの生き方を見つめている多くの人がいるのだろうなぁ、と思います。私もそのひとりです。上遠さんはとってもチャーミングな楽しい方なんですよ。私が司会兼通訳で参加した、3月3日のダマノスキーさんとの対談の打ち合わせで、「ちょうど雛祭りだから、3人官女です、って紹介しようかな」と私がふざけて言ったら（実際に、、舞台上でそう紹介しちゃいましたが）、「あら〜、いいわね〜。私がいちばん年上の官女ね。ダマノスキーさんが真ん中。アナタが若手官女ね」と、キャッキャッと楽しそうに笑っていらっしゃいました。

傘や靴の修理屋さん

No. 501 (2001.06.28)

　一昨日は、一日中自宅に籠って原稿を書いていました。ピンポーン！
「あ、誰か来た。たぶん何かの勧誘だよなぁ。でも暑くて玄関を網戸にして開けてあるから、居留守を使うわけにもいかないしなぁ」と渋々出てみると、昔から時々見かける「傘や靴の修理屋さん」でした。
「いつもは日曜日に来るんだけど、今日はたまたま来たんで、このマンションを回ってみようかと思って。傘でも靴でも修理するよ、何かあるでしょ？　靴箱、みてあげよか？」
「これはヒールのゴム底を替えた方がいいね。もう少しって履いていると、ヒールまで削れてだめになっちゃうよ」「そーだよねー」と、（経験者の）私(^^;)。
「こっちは、靴先がはがれてるね。貼っといてやるよ」「ありがと」「ついでにヒールの底も替えとくよ」「うん……」(^^;)。
「これも直すかい？」「あ、これ、雨に降られちゃって、内側がだめになっちゃった。家用にするからいい」「敷き皮、替えればいいじゃない。外側はだいじょうぶなんだからさ」「ああ、そうか」「このヒールのむけてるところは、ボンドで貼っておいてやるよ」「ありがと」。
「これは？」「あ、この白いパンプス、どっかで擦っちゃって、黒い線がついちゃったの。もうだめだから、履きつぶして捨てる」と私。「そんなことしなくてもいいよ。これはいい靴だからさ、もったいないよ」。
「でも……」と私。「シンナーで落ちるか、やってみてやるよ。だめだったら、靴の染め替えやってくれるところを教えてやるよ。2700円ぐらいで、好きな色に染められて、新品同様になるよ」「うん。じゃ、やってみて」。
「これは？」「あ、これ、まだ新しいの。だいじょうぶ」（そろそろ防衛態勢に入る私^^;)。「でも、このヒールの底、プラスチックだよ。新しい靴はこうなんだよなぁ。カツカツって音がするでしょう。滑るし」「そう言えば、この間滑って転びそうになった」（思う壺 ^^;)。「ゴム底に替えとけば？　800円で転ばないな

ら安いもんでしょ。足も疲れないし」「う、うん……」。

　……とまあ、全部で9足の靴を「ずいぶんあるね。仕事でよく履くんだろうね。持ってくよ、夕方に持ってくるから」と袋につめて（靴箱はからっぽ^^;）、おじさんはにこにこして「サービスで包丁研いでやるよ。見せてみな」。

　「あー、これはまんまるだね！」（まんまるな包丁って……？　それで切っている私って……？^^;）。「こっちもだ。1本はサービスするからね」(^^;)。

　夕方、イメルダ夫人みたいにたくさんの靴を持って(^^;)、おじさんがやってきました。どれも丁寧に修理されています。白いパンプスからは黒い線が消えています。階段で擦ってむけていたヒールも、ボンドできれいに貼ってあります。

　修理料金は、9足＋包丁2本で、1万5700円也でした。靴1足分のお値段で、9足も直してもらった計算です。

　「名刺、置いていくから。何かあったら電話して」とおじさん。おじさんの本業で頑張ってくれたので、私も取材しちゃおうと思って(^^;)、「最近、どう？　景気が悪いと、長く使おうとするから、修理が増える？」と聞いてみました。

　「いやー、だめだね〜」とおじさん。「今度の不景気は長いでしょう。だから修理する力がなくなってるよ。前ならゴム底が2ミリぐらいになったら、張り替えていたのに、同じ人が、できない、って言うんだよ」。う〜ん…。

　昨日さっそく、直してもらった靴を履いていきました。地下鉄の駅などで、カツカツと音を立てていた靴だったのが、そっと足に寄り添ってくれるような感じ。修理する力がなくなっているという状況でも、修理する人はいなくならないで！　と、楽しく乗せられちゃった(^^;) おじさんのペースを思い出したのでした。

風土が育むFood
No. 514 (2001.07.20)

　先日のニュースに、たかきやの小林弘樹さんからメールをいただきました。

同感です。再生品を使おう、環境にやさしい商品を求めようという運動も大切ですが、それ以前に使いすぎない、求めすぎないという心がけが大切です。我が家は小さな食料品店ですが「本当にこれでいいのか?」と思うことがよくあります。
　たとえば「冷やし中華」は夏季限定のお店がほとんどでしょう。「かき氷」も夏の定番です。真冬に食べていたら変わってる人と思われます。でもトマトやレタスを真冬に売っている店、食べている人を見ても変だとは思わない(学校給食でも当たり前のように栄養士さんは献立に取り入れます)。旬のものより栄養価も低く、味も悪く、値段も高いのに。
　じゃあもっと安いものを、と海外から輸入する。海外からドンブラコと何日もかけて船便で届いたはずのブロッコリーやアスパラが何故か青々として、なおかつ値段も安い。そこまでしないと日本人は飢え死にするのかと言えばそうでもない。大量に輸入して、大量に食べ残しています。
　早く消費者が気付いて欲しいと願いながらも、「便利」で「簡単」で「旬」を無視した商品も置かなければならない。そんな矛盾を抱えながら営業しています。

　5月に新潟県十日町市での講演のときに、小林さんが私を会場まで送ってくれたのでした。このたかきやさんのHPに、「たかきやだより」が載っています。すっと心の中に入ってくる温かいメッセージです。これまでに出された号から少しご紹介します。(http://www4.ocn.ne.jp/~takakiya/)

食することの意味

　うちに来たある飲料品メーカーの方との話です。その人は新商品のセールスに来たんですが、売れ行きが悪いと嘆いていました。「いらない」と断ったんですが向こうも仕事です。熱心に説明を続けます。
　そこで、ちょっと意地悪な質問をしました。「ところで、自分の子どもにもそういう清涼飲料水をどんどん飲むようにすすめる?」と聞くと、「でき

れば飲ませたくない」と答えます。ある加工食品の問屋さんに聞いた時も同じ答えでした。

　それら「便利」で「簡単」な商品の中で、どうしても毎日の食生活に不可欠だと思えるものは数少ないです。言ってみれば「嗜好品」や「非常食」のようなものが大半を占めています。でも、手頃な値段のためについ買ってしまいます。

　先日、テレビで未開発地域のある部族の暮らしぶりをリポートする番組を見ました。彼らは野山で獣を獲ったり、植物などを必要な分だけ採取します。まさしく産地直送で無添加の自然の味です。手間をかけて調理し、神に感謝を捧げ、家族みんなで食卓を囲みます。我々から見れば粗末な食事に見えるかも知れませんが、好き嫌いを言うものはいません。みんな笑顔です。

　食事のために費やす労力は少ないほど良いとする考え方と、彼らの食事に対する考え方はどこか違います。食材を調達すること、調理すること、食することは、単に空腹を満たすための作業ではなく、それぞれに大事な意味があるように思えるのです。

　幼い我が子を虐待する親やゲーム感覚で人に危害を加える未成年の事件などが報道されるたびに思います。彼らの家庭では、どんなものを食べ、どんな食卓を囲んでいるんだろうかと。より安く・より早く・より見た目よく・より手軽に・もっともっとを求めて突っ走ってきた20世紀。これからは欲張らず、あわてず、本当に必要なもの、確かなものを見極めてものを選ぶ21世紀にしましょう。ただし、そのためには「我慢」が必要です。

まずは知ること

　「新潟消費者センター」の商品を扱うようになってから5ヶ月。今まであまりお見受けしなかったお客様に来店していただくことが時々あります。……しかし、どうしても市販されている食品より値段が高いため、一般の方の反応は今ひとつです。この違いは情報量の差も影響しているように思い

ます。

　私自身も数年前から食品について様々な疑問を持つようになり、関連する本を読んだり講演を聞きに行ったりしました。その度に感じるのは、いかに私たちが本当の事を知らないか、知らされていないかということです。
　皆さんはどうやって食品の質を判断しますか。農作物であれば色つや・形。加工食品であれば賞味期限と成分表示を見ることぐらいが一般的でしょうか。
　でも、その成分の意味を知っている人がどれほどいるでしょう。ましてや、その安全性が今疑われているなどという情報を作り手側が流すはずはありません。
　国は、危険性が立証されていないということで認めているようですが、数年後に使用を中止させた例は過去にいくつかあります。薬害エイズなどの例を見てもわかると思います。ですから本で調べたり、講演会に足を運んだりしないと、なかなか本当のことは知ることができないのが実状です。
　まずは知ってもらいたい。というわけで、この度ミニ情報館を設けました。市の情報館ほど資料はありませんが、興味のある方はご利用下さい。

たかきやミニ情報館オープン：「食」「農」「くらし」等に関する本を貸し出します。無料です。受付簿に借りた月日、名前、住所、電話番号を書いて下さい。「ちょっと立ち読みさせて」という方、どうぞ座ってゆっくり読んで行って下さい。お茶ぐらい出しますよ。

　先日も「知らない人にとっては、問題は存在していない」と書きましたが、本当に「まず知ること」なのですよね。そして、自分の本業の中で、ご自分で「知る」ようになったことを、できるだけたくさんの人に知ってもらえる機会を提供したい、というたかきやさんの思いを私はとても尊いと思います。
　「でも十日町のたかきやミニ情報館まで、遠くていけないしな〜」というアナタへ。「たかきやだより」でも、「知ること」の大切さと「知るべき内容」をた

くさん伝えてくれています。私も、とても勉強になっています。少しご紹介。

＜知っていましたか＞

よく「消費者のニーズに応える」と言われますが、そのニーズが全て正しいものとは限りません。時には、誤解したままそれを求めていることがあります。たとえば、こんなこと知っていましたか。

「虫食いのあとがある葉っぱは、農薬を使っていない証拠」と思っていませんか。本当に良い土でじっくり育てた作物は、丈夫で害虫も寄りつきにくいのだそうです。

「卵の黄身は色の濃いものがいい？」エサの種類を変えたり、エサに色素を加えることでも色は濃くできます。

「梅干を買うなら紀州産」と言う方。すべて紀州の梅が原料とは限りません。たとえ輸入した梅でも、梅干に加工した場所が和歌山なら「紀州の梅干」と名乗れます。商品名やキャッチフレーズだけに惑わされず、"紀州の梅を使った"と説明書きされたものを選んでください。

「塩分を控えるためには減塩しょうゆ」と言う方。それよりも、加工食品を控えることに気を使ったほうがいいと思います。一日の塩分摂取量のほぼ半分は加工食品、と言われています。ちなみに薄口しょうゆは、濃口より色が薄いだけで、塩分は薄口しょうゆの方が多いです。

牛乳パックの開封口をはがれやすくするために剥離剤が塗られていることを知っていましたか。開けやすくて便利ですが、大熊牛乳さんのように安全性が信用できないからあえて使わない、と言う方もいます。

でも、こんな話は一般の人は知りません。どちらが良くて、どちらが悪いかを言いたいのではありません。どちらかを押し付ける気もありません。判断材料のひとつとして情報をお伝えしました。あなたのニーズで選んで下さい。

＜知っていましたか　第2弾＞

　「葉物の野菜は緑が濃い方がおいしい」と聞いたことありませんか。化学肥料の与え過ぎによっても色は濃くなります。中には、ほうれん草の出荷1週間くらい前にわざわざ化学肥料を与えて緑を濃くさせる生産者もいるそうです。有機肥料で育ったほうれん草は濃い緑ではなく、明るい緑で葉に厚みがあります。ちなみに、きゅうりも皮の表面に白い粉がふいてたものから、色つやが良く、日持ちのいいブルームレスという品種が主流になりました。見た目はいいけど、味はイマイチです。

　「肉は国産ものに限る」と言う方、決してずっと国内だけで育ったものとは限りません。牛で3ヶ月、豚で2ヶ月、鶏では1ヶ月以上、国内で育てれば「国産」と言えるのです。肉に限らず、ブランドやキャッチコピーに踊らされないようにしましょう。

　こうやって、消費者の先入観を利用することも売り手側の知恵なんでしょう。実際、見た目の良い方が売れるし、購買意欲をそそるうたい文句に釣られる人もいます。お昼の番組で「この食べ物にはこんな効果があった」なんて司会者が言えば、とりあえず買ってしまう。でもそれは、一時的な流行で終わるものが多いです。何か本質的なことが忘れられているように思います。

　第2号で取り上げた「身土不二」の言葉、第3号で紹介した「長寿村の食生活」のように、あれも欲しい、これも食べたいではなく、あるものに感謝しながらいただくことで十分健康でいられると思うのですが。無農薬・無肥料・無除草・不耕起の自然農法を実践している福岡正信さんの著書にある言葉がとても印象に残ります。「不自然な食糧を摂って成長した人間は、不自然な身体、不自然な病体を持ち、不自然な考え方で不自然な成長をする」。この言葉のとおり、理解しがたい不自然な社会現象や犯罪が目に付きます。

　この「たかきやだより」には、大きくてほんわかとしたこの方の雰囲気が伝

わる囲みがあって、ほんわかとほっとします。地元にこんなお店があったら頼りになるなぁ、うれしいだろうなぁ、と思います。ところで、たかきやさんのお店ののれんには、何て書いてあるか？「風土が育むFOODとともに」だそうです。「つくり手」と「買い手」の間で、いろいろと心を砕かれているたかきやさん。もし、皆さんのご感想やメッセージがあれば、私経由でも直接でもお寄せ下さい！

魚好きの鶏が産んだ卵は魚の香り
No. 515 (2001.07.20)

　たかきやさんの便りを読んでいたら、「作り手」として考え、心を砕かれている北海道稚内のファーム＆スペース・レラの新田さんからいただいたお便りもご紹介したくなりました。(rera@poplar.ocn.ne.jp)

　　つくり手と買い手、納得できる関係とは……？
　　ファーム・レラでは通常、鶏（成鶏）の飼料として、穀類（道産等外小麦）52％、米ぬか30％、タンパク類（魚粉＋道産大豆オカラ）13％、無機質（ホタテ貝殻・カニ殻・タンカルなど）5％を混ぜていますが、寒さが厳しかった今年の1・2月、鶏たちの卵を産むエネルギーを支えてくれたのが、実家近くの漁師さんが運んでくれた雑魚でした。
　　雑魚と言っても、少し型の小さいカレイ・ホッケ・カジカ類や、アブラコなどの魚たちで、あの厳しい冬の日本海へ漁にでて水揚げされた魚でも、捕れた分が全て取引されるわけでなく、漁師さんたちは、取引されない魚を産業廃棄物として処分しなくてはなりません。
　　少し小ぶりなだけで、少し手間をかければ十分食べられるのに「もったいないなあ」と思いながら処分しているそうです。その雑魚を分けてもらい、ドラム缶を半切りにした大きなお鍋で十分加熱し、身も骨も皮も全て小麦やヌカ・オカラと混ぜて鶏たちに与えていました。鶏たちはお魚が大

好きで、私が手作業でせっせと混ぜても、お魚の塊を探して奪い合うようにして食べ、塊を鵜呑みするように食べた鶏の卵が、時々お魚のにおいがする時があったようです。お客様からこんなありがたい声を寄せていただきました。

「卵だより*を読んでいたので、お魚の匂いがした時、ああこれね……と思いました。いつもだと少し困りますが、たま〜にある程度なので魚好きの鶏が生んだ卵なんだな、と思って食べています。鶏たちが何を食べているのか知ることができるのは安心できます」（*卵だよりは、鶏たちの様子や餌の内容などをお伝えするために毎月発行し、卵と一緒にお届けしているものです）。

こんなふうに、レラの卵は季節ごとに味が変わります。カボチャやカニ殻を食べると黄身の甘味が増すようですし、青草を沢山与えると青臭い卵になります。また季節の変わり目や気温の高い日は水分を沢山取るため、白身の盛り上がりがゆるくなる、冬期間は黄身の色が白っぽくなるなど品質も変わります。

また、産卵率低下時には希望の数が買えない……一般的な「商品」の概念からは、ちょっと（だいぶ？）はずれた私たちの生産活動を支えてくださる買い手の声は、とても励みになりますし、よりよいものをつくるための糧となります。

しかし、買っていただいている全ての方が、上記のような感想をお持ちなわけではなく、通年で安定した品質や味のものを生産できなくてはプロではない、頑張りなさい！ とお叱りを受けることもありますし、寡黙に実力行使？ でお買い上げ中止の場合もあります……(^^;)。

美味しく安心でき、よりエコロジカルで、食べる側と作る側ともに経済的で持続可能な納得できるフェアな関係とは……うーん、まだまだ模索は続きそうです。

スーパーから買ってくる卵は、どれも「均質で同じ」であることを暗黙の前

提のように考えていましたが、考えてみれば、機械で生産しているわけじゃないのですから、その鶏やそのときの環境で違ってくるのが当然なのですよね。

でも、工業製品のように安定した品質＝「均質性」という意味での「品質保証」を私たち消費者が求めているのですね。生む側の鶏と同じように、食べる側の私たちだって、その日の体調が違うことを考えると、「食べ物」に求める「均質性」って何だろう？　と思います。

卵を原料にお菓子やパンを作っている場合は、その製品の質の安定に響きますから、均質性を求めることになるでしょうが、自分や家族が食べる食材に「均質性」が必要なのかなぁ？　と思います。

青菜の好きな鶏の卵は、もしかして「青汁」ならぬ「青卵」として、外食続きで野菜不足気味の人には、ありがたいかもしれないし……(^^;)。

たかきやさんやレラさんのニュースレターで、またいろいろ考えさせられました。このように、ご自分の活動や情報を共有してくださったり、皆さんからのニュースへのフィードバック、いつも本当にうれしくありがたいです。

「フィードバック」は、feedback。feed を back（お返し）することです。feed とは、「食事・飼料」です。何となく「餌」というイメージ(^^;)。

レスター・ブラウン氏が来日中に、食事の時間もなく立て続けに取材や対談をこなしたあと、「もう全部終わった？」と聞くので、私が「It's our feeding time!」（やっとエサの時間よ〜）ってふざけて言ったら笑っていました(^^;)。

レラさんのところの鶏と同じように、滋養たっぷりの「feed」をたくさんの方々からもらえて幸せな私です。

わが町の油田は黄色いじゅうたん
No. 563 (2001.09.22)

今月はじめに、『信濃毎日新聞』の子ども向け連載に書いた記事です。

　　みなさんは天ぷら、好きですか？　ところで、天ぷらをあげたあとの油は

どうしていますか？そのまま流しに流すと、川や海を汚してしまいます。
「天ぷらをあげたあとだって、油は油だから、油としてもう一度使おう」という、すてきな取り組みが滋賀県で進んでいて、一石二鳥以上の効果を生んでいます。

滋賀県は、飲み水を琵琶湖に頼っています。15年ほどまえに、琵琶湖の水がとても汚くなって問題になりました。使い終わった食用油が、琵琶湖に流れ込んでいたことが原因の一つだったので、使い終わった食用油を回収して、石けんを作るリサイクル運動が始まりました。

リサイクルが広がるにつれて、石けん以外の使い道も考えるようになりました。そこで出てきたのが、「ディーゼル油の代わり」です。

いまでは、集められた食用油は、ディーゼル車の燃料に生まれ変わります。この燃料は、ディーゼルとまったく同じように使えますし、硫黄酸化物（SOx）という有害な排出物も、ディーゼル油よりもずっと少なくてすみます。何よりも、石油を使わなくても車を走らせることができるのです。

そして数年前から、このプロジェクトがさらに進んでいます。食用油そのものを地域で作っちゃおう、という「菜の花プロジェクト」です。

使っていない田んぼに菜の花を植えると、4月下旬から5月上旬にかけて黄色のじゅうたんのように、素晴らしい菜の花畑が広がります。その菜種をしぼって食用油を作り、学校給食などで使います。使い終わった食用油は回収して、自動車用の燃料にし、ディーゼル油の代わりに使います。

子どもたちが菜の花の植え付け、刈り取りから、食用油をしぼるまで、自分たちでやっているところもあるんですって。ステキだ、と思いませんか？

広い菜の花畑が、巨大な油田になるなんて！

このしくみが広がれば、ディーゼル車を走らせるために、地球から石油を掘り出す必要もなくなるし、使い終わった食用油で湖などを汚す心配もなくなります。

菜の花は毎年まけば、毎年収穫できますから、外国に燃料を頼らなくて

も、その地域でぐるぐると循環していくことができます。
　この燃料を使っている車が走ると、ほのかに天ぷらの香りがするそうですよ。

「休耕地は油田です」なんて、素敵ですね。詳しくはこちらをどうぞ！
http://www.biwa.ne.jp/~econavi/bdf.html
「菜の花プロジェクト」のしくみ、循環が一目でわかる「菜の花プロジェクト・マップ」のほか、県内の取り組みなどが載っています。今年の連休初めには、滋賀県・新旭町で「菜の花サミット」が開かれ、全国27府県の代表者が約400名集まって、菜の花をキーワードとした循環型の地域社会づくりの交流を行ったそうです。
　「このプロジェクトが広がると、菜の花畑は『巨大油田』に替わります」と書いてありますが、素敵な「油田」ですよ〜。菜の花の開花時期には、この「油田」は、黄色の絨毯を敷き詰めたように見事だそうです。そのうえ、菜の花で作ったアイスクリームや菜の花サラダなども観光客が楽しめるという、「きれい＆おいしい油田」です！(^^;)。
　この取り組みを始められたのは、滋賀県環境生協理事長の藤井絢子さんたちです。藤井さんにお目にかかったことがありますが、とっても素敵な女性です。
　このように地元で、地元の人々が資源や廃棄物を循環させるしくみの中で、海外からの石油や原子力への依存度を減らしていくこと。そして、元気のいい可愛い黄色の菜の花を育て、収穫し、味わい、搾って油にして、それで給食を作ってもらって、最後には石けんや車両燃料して大切に使い切ることが、その地域の人々の「心の環境」をどんなに豊かにしていることか。
　そう思うと、一見関係なく見えるかもしれないけど、地球への環境負荷を下げると同時に、今回のような悲惨なテロ事件・報復戦争を未然に防いでくれている取り組みではないかな、と思います。

非電化製品を有機工業しよう！〜素晴らしきナマケモノ
No. 588 (2001.10.23)

かなり前に、「おもしろい取り組みがありますよ」と教えてもらったページがあります。代替エネルギーを見つけることも大事だけど、「電気自体をなるべく消費しないようにしよう」、そのために「電化製品を減らしていこう」という運動です。「非電化製品」の研究開発に取り組んでいます。

http://www.sloth.gr.jp/Hidenka.htm

電＝エネルギー、化＝化学物質、これらを使わない製品、という意味で、「非電化製品」だそうです。そして、すでに電気を使わない掃除機、洗濯機、除湿器、冷蔵庫、エアコンなどが発明（試作）されているそうです。

う〜ん、見てみたいですね！掃除機と言えば、ブォ〜という、いかにも電気を使ってます、という音が付き物ですし、電気を使わない冷蔵庫？どういう作りになっているのかしら？？？興味津々です。

これらの非電化製品を発明された方は、途上国がこれ以上、工業先進国の後追いをして電化製品を使い始めたら地球がもたないと考え、途上国向けに発明されたそうです。今の電化製品より少し不便になるため、「便利さに慣れた日本人には受け入れられないだろう」とお考えでした。しかし、「非電化製品は、エネルギーを多量に消費している先進国にこそ必要だし、少々不便でも電気の消費量を減らしたい人は多いので、日本でも普及する可能性があると思います。ぜひ日本でも、非電化運動を進めましょう」と、有機農業を生産者と消費者が提携して育ててきたように「有機工業」を生産者（発明家）と消費者が提携して育てられないか、という活動を始めた方がいらっしゃいます。

「有機工業」！ステキですね。「アナタ作る人、ワタシ使う人」と、生産と消費が分断されているのではなく、「お互いに見える」生産と消費の連携ができます。そして、有機農業のグループが、作付けをする前に、賛同する消費者に予約販売することで、安心して（市場の変動に左右されず）有機農業ができるしくみ作っていますが、そのしくみを工業にも、ということですね。

「これまで工業製品は、大企業にしか作れないと思われてきました。しかし、生産者と消費者とが手を結ぶ『有機工業運動』=『非電化製品の共同生産、共同購入運動』なら、その壁を突き崩すことが可能です。例えば、非電化製品の除湿器なら1000人、洗濯機で3000人、エアコンでも1万人程度の購入希望者がいれば、手頃な価格で商品化できます」とのこと。これを読んで、以前にナチュラルステップ・ジャパンの高見さんからお聞きしたスウェーデンの話を思い出しました。(http://www.tnsj.org/)

　今、コスト面で化石燃料にかなわないというのが問題ではなく、市民が「日本も早く化石燃料の代替燃料を使えるようになるべきだ」と、ビジョンを持ってもらえるかどうかだと思います。

　スウェーデンでは、400台のバスがエタノールで走り、トラックなども一部エタノールで走っています。そして、今年の春から、3000台の乗用車がエタノールで走る予定です。代替燃料が使える車の購入推進する協会が率先して自治体や企業や個人に呼びかけ、3000台の注文が集まったのでフォード社がエタノール車の生産を引き受けたのです。私も、去年、普通車より5000クローネ安いこの車のキャンペーンをしていた時、ほしいと思いました。

　今度、自動車を買い換えるとしたら、このエタノール車にするつもりです。これが実現できたのは、市民がそのようなビジョンを共有して、できる所から行動したからだ、と言えるでしょう。

スウェーデンでは、このような「有機自動車製造」？が実現しているのですね。この「非電化製品」の運動、ぜひ応援したい！と思います。
　さてさて、この素敵な非電化製品運動を支援しているのは、どこだろう？とこのページからトップページを見てみました。そこで、カワイイなまけものクン……(うう～ん、オスかメスか、わかりませんが^^;)に会ったのでした。

http://www.sloth.gr.jp/J-index.htm

「ナマケモノ倶楽部」(通称「ナマクラ」)は、学生・社会人・自由人など、それぞれの立場、また様々な国を超えて手をつなぎ、1999年7月に発足した非営利団体です。その思いはひとつ、" Love, Peace & Life"。
■「ナマケモノになろう！」
「クジラを救おう」とか「ゾウを守ろう」など、絶滅の危機にある動植物を保護する運動は数多く存在しています。しかし、わがナマクラでは、世界で初めて、ある動物を守るだけではなく、ついでに「それになってしまう」という運動を展開しようと思うのです！

「ナマケモノになっちゃう！」っていうのはスゴイですね！ このあとに具体的な活動が載っていますが、のんびり〜してきちゃうナマケモノムードのHPで、見ていてもとっても楽しいですよ。そして、そのナマケモノについて、初めて「実態」を知りました。「省エネ」「リサイクル」「共生」と、人間のお手本になる資質を備えているのですね！

■ナマケモノ的生き方のススメ
もし私たち人類が「より速く、大きく、強く」をモットーに、大量生産・大量消費経済、科学至上主義の道を走り続けたとしたら、私たちの未来はどうなると思いますか？ 木の上でののんびりとした低エネ、非暴力平和、共生、循環型ライフスタイルを持つ彼らに学び、私たちの生き方を考え直してはみませんか？

詳しくは、HPをぜひどうぞ。今度、動物園で会うことがあったら、尊敬の眼差しで見つめたいと思います。
さて、ぜひこのナマケモノ倶楽部、ナマクラの世話人の方々に会ってみたい！ どのくらいナマケモノになっているか、ナマケモノ度を測定してみたい！(^^;)と、思ったのでした。
と思っていたら、雑穀の魅力を教えてくれた大谷ゆみこさんから、「このナマ

クラの世話人であるアンニャが来ているから、会いにいらっしゃいな」とメールが来ました。大谷さんのおいしい「つぶつぶ」料理と歌手でもあるアンニャさんのお話の会とは、めったにない機会です。今週の金曜日、よかったらごいっしょに！

ナマケモノになろう、ハチドリになろう
No. 638 (2002.01.23)

[No.588] に書いた大谷ゆみこさんの『風の舞う広場』での「パチャママ・ライブ未来食パーティー」に参加してきました。本当にほっとできる、ゆったりした場所でした。木や土がいっぱい使ってあります。人工的な感じがひとつもしなくて、落ち着けます。日の光や風も感じられます。

エクアドルから来たアンニャさんは、背中の赤ちゃんをあやしながら、ギターを弾いて、歌ってくれました。赤ちゃんは、自分お気に入りの歌が始まると、背中でいっしょに歌って（踊って？）いました。アンニャさんの歌の中から、「Call me sloth」（私をナマケモノと呼んで）の歌詞のほんの一部をご紹介します。

> I don't care if you think I'm slow and lazy.
> I don't mind if you think I'm crazy not to buy more, use more and want more. ……
> You call me weak 'cause I don't react when people try to hurt me
> You call me lazy 'cause I don't waste my time, doing things that I really don't need to.
> ……

「あなたが私のことを、ぐずぐずして怠け者だと思っても、気にしないわ。もっとたくさん買って、もっとたくさん使って、もっとたくさん欲しがらないからって、私のことをヘンなヤツだと思っても、かまわないわ」
「人々が私を傷つけようとしても、私が反応しないからと言って、あなたは私のことを弱虫と呼ぶのね」

「私が本当にはする必要のないことをして、自分の時間を無駄遣いしないからと言って、あなたは私のことを怠け者だと呼ぶのね」

と、いう感じでしょうか。アンニャさんのCDは、ナマケモノ倶楽部のHPからも購入できます（売上金は原生林や地元の人々の支援のために使われます）。

楽しい会で、もうお一人、ナマクラ世話人さんに会いました。辻信一さんです。本当に大学の先生なの？　という（失礼！＾＾;）雰囲気と、メモも取らずに記憶力だけでアンニャさんの話を通訳なさる様子を感心して眺めていました。

辻さんは、「ナマケモノ倶楽部を始めて、忙しくなりました〜」と(^^;)。そして、『スロー・イズ・ビューティフル』（平凡社）という本を出されたのですが、「それからますます忙しくなった」と(^^;)。

私は初対面だったのですが、いろいろとお話をうかがっていたら、辻さんはこのご本を一冊下さいました。せっかくなので、と著書にサインをしてもらいました。よく英語では、手紙の最後に、「Sincerely yours,」と書きます（敬具、ということです）。辻さんは、メッセージの後に、「Slowly yours,」と書いてサイン。オシャレだな〜、いいな〜。(^^;)

辻さんが、この会の最後に話してくれた、エクアドルのコタカチ郡知事のマリーナ夫人から聞いた、という話をお伝えしたいと思います。

> 森が燃えていました。
> 小さなハチドリが、くちばしに一滴ずつ水を含んでは
> 森まで飛んでいって、落としています。
> 大きな動物はみな、森から逃げました。
> そして、ハチドリを笑います。
> 「そんなことで火を消せると思っているのか」と。
> ハチドリは、こう答えました。
> 「私は、私のできることをしているだけです」。

そして辻さんは、「社会は、いつも『おまえのやっていることは大したことで

はない』というメッセージを送り続けている。みんなも、『どうせ自分のやっていることは大したことではない』と思うようになってしまっている。でも、違うんじゃないか」と。『風の舞う広場』にあちこちから集まった、それぞれの思いや取り組みを抱えている参加者に、エールを送られたのだと思います。

「ナマケモノになろう！」というのが、ナマケモノ倶楽部。「ハチドリになろう！」というハチドリ倶楽部（？）も、できそうですね！

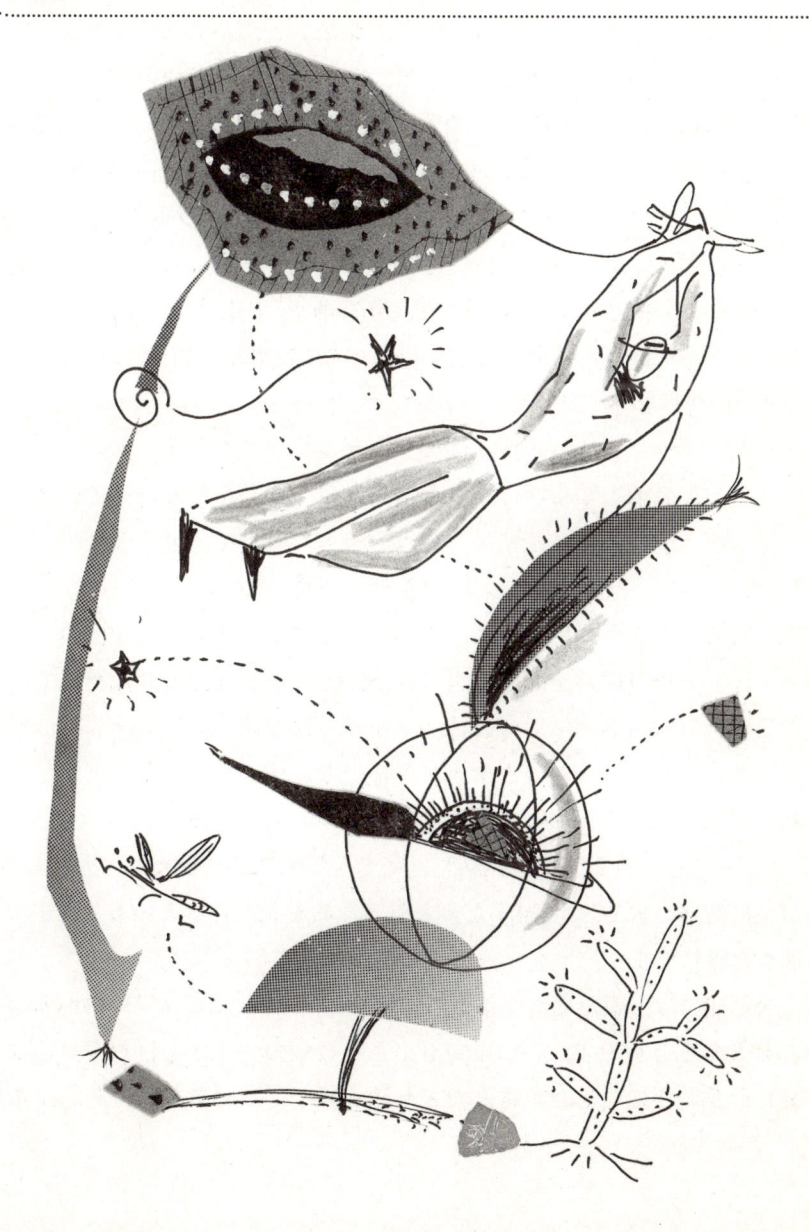

第6章
棚田のわらしべ

桜貝〜棚田〜資源ゴミ

No. 244 (2000.08.16)

　桜貝が絶滅の危機に瀕していることをご存知でしたか？「サクラ貝：ニッコウガイ科の二枚貝。北海道南部から九州、さらに朝鮮半島や中国にかけて、水深20mほどの細砂底に生息する。近年の海岸の環境汚染で絶滅の危機に瀕している」。小貝の産地として、能登の増穂浦、鎌倉の由比ガ浜、紀伊の和歌浦が、日本三名所だそうですが、現在では、能登の増穂浦が桜貝の産地としては随一、とお土産コーナーに書いてあります。

　いま、夏休みの能登半島一周旅行中。増穂浦で、山ほど小さな貝殻を拾ってきたところです。静かな入り江の白い砂浜の波打ち際に、小さな貝殻の帯がどこまでも続いています。

　しゃがんでよーく見てみると、桜貝、キサゴ、ツメタガイ、ウノアシ、トマヤガイ、その他名前も知らない小さな貝殻がたくさん重なり合っていて、その昔「貝殻大好き少女」だった私は、海水浴そっちのけで、近くのスーパーで仕入れたタッパーに、あれも、これもと熱中して貝拾い(^^;)。

　小貝で有名、というだけあって、本当に小さいんですよ。大き目のツメタガイ（これは、二枚貝に穴を開けて食べちゃうカタツムリみたいな巻貝です。よく、貝殻に丸い穴があいているのは、コイツの仕業です。でもその穴に糸を通すと、貝殻のネックレスができます）は1〜2センチのものもありますが、あとはミリで表示するようなちっちゃな貝たちです。大きさは、8ミリでも5ミリでも3ミリでも、どの貝も完全な完結した姿をしているのに感動してしまいます。誰かが「貝殻はコスモス（宇宙）だ」と言ったのを読んだことがありますが、本当にそんな感じです。

　ここ増穂浦には、厳寒期になると、100メートルに及ぶピンクの帯が海岸線を彩ることもあるそうです。いつまでも小さな貝殻のたくさん打ち寄せる、とりわけ美しい華奢な桜貝もたくさんたどり着く浜であってほしい、と心から思います。

お土産コーナーには「平安朝より、縁起のよい貝です。能登路より開運をどうぞ」と、小さなビンに詰めた桜貝が並んでいました。

　　　汐染める　増穂の小貝拾ふとて
　　色の浜とは　いふにあるらん　（西行法師）

　昨日は増穂浦をあとに、輪島へやってきました。輪島の周辺は棚田で有名なところです。よく知られている「千枚田」には今日寄る予定ですが、昨日も海の景色を眺めようとたまたま車を停めた谷あいにも、棚田が何枚も重なっていました。
　棚田を見た人はだれでも思うでしょうけど、「これを維持するのは本当に大変だろうなぁ」と思います。機械はもちろん入る余地がありませんし、あれだけの急勾配の斜面にしがみついているような小さな、何十枚もの田んぼのお世話をして歩くことは、本当に根気の要ることだろうなぁ、と思います。
　いちばん上の棚田は、子ども用の小さなビニールプールぐらいの大きさでした。穂を垂れ始めている金色の小さな田んぼを見ていたら、前に見た『アジアの食料』という写真集を思い出しました。そこにも、棚田の写真がありました。やはりこのくらいの小さな棚田で、年老いた農家の人がはいつくばるようにして手入れをしている写真でした。その写真に添えられていたキャプションは、「1年間、大変な思いをして手をかけて、この田から取れるコメは、4人家族の1週間分に満たない」。
　ここ輪島の民宿には、各階に五つずつゴミ箱があって、部屋にも分別して捨ててください、とお願いの紙がはってあり、分別回収が進んでいることがわかります。輪島市が作成した分別回収のポスターを見ていたら、17種類に分別していることが分かりました。それぞれにわかりやすい説明文と絵をつけているので、これなら迷わずに分別できそうです。
　輪島市の分別回収のポスターには、ご存知「混ぜればゴミ、分ければ資源」というフレーズが大きく書いてあります。「資源ゴミ」という言葉は、ここから

きたのかなぁ、と眺めていました。

「資源ゴミ」っていう日本語は、かなりユニークだと思います。英語にしろ、と言われると、けっこう困ります。「資源になれるかもしれない、ゴミになるかもしれない。その行方はアナタ次第。まだ定まっておりませぬ」みたいな、曖昧な受身的立場にある「潜在的ゴミまたは資源」たちのあり方は、日本的？なのじゃないかなぁ、と。

通訳の場面で「資源ゴミ」と出ると、特に同時通訳だと考えている暇もないので、recyclable wastes（リサイクル可能な廃棄物）と訳しちゃいそうですが、たぶん欧米人にとっては、「ゴミはゴミ、資源は資源」じゃないかなぁ、なんて頭の片隅で思っています。今度、聞いてみようと思います。

かつてアメリカに住んでいた頃は、「分別収集」の「ブ」の字もないようなゴミ収集の仕方でしたが、今は変ってきているのかなぁ。最近、（私がこれまで不勉強だったのかもしれませんが）recyclablesという名詞を見聞きするようになってきたので、「資源ゴミ」の英訳にはこちらを使えばよいのかもしれませんね。

ともあれ、線香花火の最後の赤い玉がじゅっと海に落ちるような落陽を眺めたり、朝もやに煙る海面が次第に明るくなってくる様子を眺めたりして、旅先での日々を過ごしています。

ところで、民宿では、朝早くからニュースを書ける明るい場所がないのですが、どうやってこのニュースを書いていると思います？ お風呂や洗面所は、電気はつきますが、椅子がない。多くの宿で使える手（普通、使わないって？^^;）は、階下の自動販売機の前、なのです。夜中でもこうこうと明るい自動販売機の近くには、たいてい休憩用や電話用の椅子があります。

「飲料用自動販売機は、1台で1世帯分の電力を消費しています。日本には、50人に1台の割合で飲料用自動販売機があり、その電力は原子力発電所1基分に相当します」なーんて、講演では話しているのですが、今日ばかりは、その「無駄な電力」のおこぼれの明かりで、夜が明ける前から本を読んだり、ニュースを書いたりしています(^^;)。

ただ、時々申し訳なく思うのは、運悪く階下に下りてきたお客さんや宿の人

を飛びあがらせてしまうんですね。自動販売機の明かりを求めて蛾がひっついているみたい、と自分でも可笑しくなりますが(^^;)。

千枚田にて
No. 246 (2000.08.17)

　能登半島旅行、昨日は輪島近くの千枚田に寄りました。本当に1000枚ぐらいありそうな棚田の重なる向こうに、真っ青な海が広がる、人工美と自然美のハーモニーを一望できる、とても素敵な場所でした。
　案内板を読むと、実際には2092枚もの棚田があり、13戸の農家が手入れしていることがわかりました。1枚の棚田の平均面積は、約5.6平方メートル。寛政15年（1638年）に作られた谷川用水のおかげで、水利の不安はないそうです。添えられていた「蓑隠れの話」をご紹介しましょう。
　農家の夫婦が田植えを終えて、田んぼの数を数えた。1000枚の田があるはずなのに、2枚足りない。何度数えても足りないが、日も暮れるし、あきらめて帰ろうと、近くに置いてあった二人の蓑を取り上げると、その下に2枚の田があった。……「蓑の下　耕し残る　田二枚」という句も残っているとか。
　ところで能登では、海辺だけではなく山道も走ります。びゅんびゅんと通り過ぎていく道端に、ワラビが生えているのが見えます。「ワラビだー、ワラビだー」と私ひとり騒ぐのですが、同乗者たちはただの草むらにしか見えないと言います。時速60〜70キロで走っていても、私にはまだ開いていない＜取り頃の＞ワラビが見えるのに（ただの食いしん坊？ ^^;)。
　エスキモーの言葉には「雪」を表す単語が何十とある、と聞いたことがあります。私たちには見分けのつかない雪も、彼らには違う種類の雪なのでしょうね。
　話が飛ぶようですが、ただの草ではなくてワラビが見え、ただの小鳥の声ではなくて「あ、ヒバリが鳴いている」と聞き分けられること。こういうのを「エコ・リテラシー」って言うんじゃないかなぁ、なんて思います。

夏休み旅行後半記

No. 551 (2001.09.10)

　今年の夏休みも能登半島を旅行しました（3年連続！ ^^;)。最終日は、魚津で、昨年から環境活動評価プログラムなどにいっしょに取り組んでいる仲間が集まってくれて、楽しいひとときを過ごしました。

　余談ですが、通訳だけやっていたときは、どこに出張に行っても、土地の人とお話しすることもないし、その土地に自分の痕跡？を残すこともなく、そのまま静かに帰京していたのですが、環境活動での出張は、それぞれの土地やその土地の人々とのつながりを作ってくれます。あちこちうかがうたびに、次に会ったときには「最近どう？」と声をかけたい、また、かけてくれる人が増えるのはうれしいことです。

　で、翌日、魚津を朝早く出て、新潟の安塚町に寄りました。棚田ネットワークの橋渡しで、「コシヒカリオーナー制度」に参加させてもらっているのですが、「今年のウチの田んぼ」の様子を見に行ったのです。5月下旬の田植えの時には、10センチぐらいのか細い葉っぱだったのに、立派な青年？になって、稲穂ものぞいています。改めて、「土とお日さまと水」の力を感じました。

　「ウチの田んぼ」を貸してくださって、お世話してくれている小山さんのお家に呼んでもらいました。天井の高い古い家（数百年たっているそうです）で、柱も欄間もいい色になっています。土間には、ジャガイモやカボチャが山積みになっています。（いっぱいおみやげに持たせてくれました）。

　山の斜面に建っている家で、開け放した部屋からは、田んぼと、家の前の畑が見えます。ときどき池で鯉が跳ねる音が、鳥の声に混ざります。「どうぞ」と出してくださったトウモロコシの甘いこと！「トウモロコシは、もいで1時間以内にゆでないと甘さがなくなるんですよ」とのこと。本当にスーパーで買ったのでは味わえないお味です。真っ赤になるまで枝で熟したトマトや、「皮が固いけど味は美味しい」というナスの田楽（本当に美味しかった！）、時期にあわせて何種類も作っているという枝豆などなど、本当に贅沢なお昼ご飯をいただい

たのでした。
　山村部の農家に多いと思いますが、小山さんは、平日は工事関係の仕事をして、週末に田んぼの世話をして、自宅用と余れば農協に出荷し、時間のあるときに（おばあちゃんの仕事だということでしたが）家の前の畑の手入れをして、自宅用の野菜を作っています。
　「農家の人も、自宅用には肥料や農薬は使わない、という話を聞きました」と言うと、「そうですよ。まっすぐなキュウリしか売れないから、とキュウリをまっすぐにする肥料もあるって聞きましたよ。町の人は、そんなにまでして、まっすぐなキュウリが食べたいんですかね？」。
　「ここでは農薬はあまり使わないのでしょう？」と私。「最低限しかね。田んぼもそうですよ。だって山の水が田んぼに入って、順々に流れてきて、そこの池を流れている。上で農薬を使ったらすぐに鯉が死んでしまいます。この辺では、昔から、ほとんど農薬を使わずに作ってますよ」。
　う〜ん、「農薬を使えば、鯉が死ぬ」という、「ああすれば」「こうなる」という因果関係が目の前でわかるということ、「ああ」と「こう」が分断されていることが多いなぁ、といつも思っているので、感じ入りました。
　「前に、農薬の空中散布をしているところをたまたま車で通ってしまったんですけどね、フロントガラスにビシャっと大量にかかってね、ええ？　こんなに農薬を撒いて、米を作っているのか、と思いましたよ」とのこと。
　開け放した縁側の向こうから、ひんやりと涼しい山の風が入ってきます。もちろん、クーラーはいりません。水の流れる音と鳥の声が聞こえます。テレビもＢＧＭもいらないなぁ、と思っていたら、虫が飛び込んできました。「あ、虫だっ」と身を引いて反応した私を見て、小山さんは笑いながら、「そりゃ、虫もいるでしょう」。
　この「そりゃ、虫もいるでしょう」という一言に、私は、奥能登で見たジオラマに感じた「恒環境化」が自分にも影響を及ぼしているんだ〜（あたりまえなのですが）と思い、不要な恒環境化からの脱出方法を見い出した気がしました。

私にとっては何となく、「虫はいない世界」が普通になっていたのですね。蚊は、人間様の家の中にいてはいけない。だから網戸、蚊取り線香（いまは電気式ですね）、または、窓を閉め切ってクーラー。でも、この「そりゃ、虫もいるでしょう」という言葉を聞いてから、「そりゃ、蚊もいるでしょう。刺されてもしばらくかゆいぐらいだし〜」とかなり寛容になった私です(^^;)。

　ところで、自宅のベランダでも、田植えの時にもらって帰ってきた苗がバケツの中で、大きく育ち、しっかり稲穂も頭を垂れ始めています。葉っぱも茶色になってきたし、なかなかのカンロクです(^^;)。受粉させてくれる虫がいないだろうから、実はつかないかも、と心配していましたが、綿棒でポンポンと受粉させてみたのが効いた？　ようです。

　目下、この数十粒をどうやって「収穫」し「脱穀」して、いただくか？　を考えています。安塚町の稲刈りも、人手を使う（棚田なので、大きな機械も入らない）やり方だというので、楽しみにしています。

　魚津に泊まって朝早く出るときに、魚津駅の立ち食いそばで朝ごはんを食べました。「美味しかった、ごちそうさま」と立ち去ろうとしたら、お店の方が、それまで見ていらしたのでしょう、「お箸、洗ってあげるよ」と。

　マイ箸を洗ってくれた上、熱湯消毒までして、フキンでキュッと拭いて渡してくれました。手の中で温かいお箸がとてもうれしくて、おうどんの美味しさとともに忘れられない思い出になりました。

棚田のお米、ベランダのお米

No. 606 (2001.12.07)

　「自宅のベランダのバケツの中で育ってきた稲穂に、綿棒でポンポンと受粉させてみた」と書いたところ、読者の方から、「イネは自家受粉するので、虫媒花ではありません。ご心配なく。日本で一般に栽培されているイネは、開花の瞬間に、すでに自分の花粉を浴びてから開くのです」と教えていただきました。私のポンポンはいったい……？　だめ押しにはなった？ (^^;)。

稲は、受粉時にあまり温度が高いとうまく受粉しないそうですが、今年はウチのベランダでも大丈夫だったようで、稲穂が頭を垂れました（赤とんぼもほしい景色でした！）。

　安塚町の稲刈りには、予定が合わずにおじゃまできなかったのですが、脱穀に呼んでもらいました。小山さんのところでは、ほとんど農薬を使わずに、「山からのきれいな水」が最初に流れてくる田んぼで稲を作っています。1枚1枚の田んぼは大きくないので、大型で効率の良い機械は入らず、普通の稲作よりずっと手がかかると思います。

　脱穀に行ったら、お家の回りの木に、ヒモが何列にも渡してあって、イネの束が渋い黄色のカーテンのようにかかっていました。エプロンと頭を覆うタオルを貸してもらって、ゴム長を履いて、私も格好だけは一人前(^^;)。

　はしごを掛けて、稲の束を降ろしていきます。コンバインのスイッチを入れて、稲の束を向きを揃えて、入れていきます。手も入れそうになるので、素人に作業をやらせてくれる農家の方はコワかったのではないか、と思います。

　自然に、何人かで流れ作業になりました。稲束を降ろす人、集めて運ぶ人（子どもたちが走り回ってやってくれました）、コンバインに入れる人、コンバインから吐き出されるお米を取ったあとのわら束を調べて、コメがまだ残っているものをより分ける人（もう一度コンバインに通します）。

　私たちがお借りした、あのそれほど大きくない1枚の田んぼから、こんなにたくさんのオコメが穫れるの！　と本当にびっくりしました。大地と水と太陽の偉大さを感じました。すごい！　人間には逆立ちしたってできない！(^^;)。

　私はコンバインのまわりを歩き回って、「もったいないんだもん」と落ち穂拾いです。これも、もう一度コンバインにかけてもらいました。「今年はよくできたな～」と小山さん。コシヒカリオーナー制度では、180キロのお米をこれから何度かに分けて送ってくれます。送るまでは、雪室の中で保存しておいてくれます。

　さて、自宅のベランダで、バケツの中に田植えしたお米ですが、ハサミで刈り入れをし、手で穂から外しました。数十粒ですから、すぐにできました。問

題は、この穀粒から殻を取る脱穀です。これはカタクて、手ではできません。さあて、どうすれば……？

イネの自家受粉について教えてくれた方に聞いたら、「すり鉢と野球のボールはどう？」と。なるほど〜。すり鉢とすりこぎで試してみたら、おもしろいように殻がとれました！

すり鉢の底から、もみがらをかきわけて、白い米粒を拾います。送ってもらった田んぼのお米と比べてみたら、まったく種類の違うお米かなというほど違っていてびっくりしました。ベランダのバケツ田のお米は痩せっぽっちで色も黄色がかっています。やっぱり「氏」は同じでも「育ち」が違うと、こんなに違うのね、と思いました。ベランダの土と水道水と洗濯物の陰から差し込む日光で、よくここまでがんばったね！といとおしくて、まだ食べていません(^^;)。

棚田のお米と個人通貨のおいしい関係

No. 634 (2002.01.19)

安塚町のコシヒカリオーナー制度での「私の棚田農業経験」は、まるでキセルみたいでしたが(何せ、田植えと脱穀なので……^^;)、それでも本当にいろいろなことを知り、聞き、味わい、楽しみました。

そして、終わったあともオイシイ！ 180キロのお米を、2キロ袋に詰めて毎月20〜30キロずつ、送ってくれるのです。最初に届いたときに、ちょうどお歳暮の時期だったので、2キロ袋をいくつかずつ、いつもデパートから送っているお歳暮の代わりに送りました。どういうお米かも書き添えて。

送り先からは、いつも「お歳暮、いただきました、ありがとう」とお礼状やお礼電話をいただくのですが、とてもおもしろいな〜、と思ったのは、今回の棚田のお米の贈り物には、これまでにないような温かなやりとりがあったことです。

農業体験の様子を尋ねていっしょに喜んで下さる方。いつもは葉書の形式的なお礼状なのに、今回は封筒にご自分の手作りの小さな刺繍を入れてくださっ

た方。いつもより、お礼電話のお喋りが広がったり、刺繡へのお礼に今度はマドレーヌを焼こうかな、と思ったり、「送った」「受け取った」でオシマイにならないつながり、広がりがおもしろいな〜、と思ったのでした。

　そんなことを思いながら、「棚田のお米、ベランダのお米」を書いたのですが、とっても新しいアイディアの素敵なフィードバックをいただきました！

　　ところで今回のメルマガに載っていた棚田米の話ですが、あれを事前に購入する形で資金提供する地域通貨にしたらどうかな、と思いました。実は私たち、その仕組みをすでに作ってあるのです。

　「カネで貸してモノで返してもらう仕組み」と言っていますが、先に例えば5000円払ってできあがったコメを購入する予約をします。その時に「私のところに送ってね」という意味の債権を「はがき」にしておきます。生産者（債務者）の側としては先払いで買ってもらったにすぎない話です。そして生産者は、その「はがき」に書かれた場所に送るだけの話です。

　ところがその「はがき」は、お歳暮や半返しなどに使いまわすことができるようにしてあります。つまり所有者が変えられるのです。で、最後にいざ米びつが淋しいぞ、と思った人が「はがき」を投函すると、そこにコメが送られてくるという仕組みです。

　このアイデアは、信州大名誉教授という大仰な肩書を持つ気さくな方、玉井袈裟夫さんの発案した「はがき商品券」から始まったもので、現在、岐阜にある石屋さんの造ったすばらしいテーマパーク、「博石館」というところでも別な形で使われています。

　これは金利なしの資金を手にできる点、確実な販売先を事前に作っておくことができる点、しかも中間搾取がない点、そして購入側としても「はがき」を送れば届くので便利な点などにメリットがある仕組みになります。

　私たち、東京のグループなので、今のところ残念ながらこの「はがき」の仕組みを実施するに至っていないのですが、やれるといいのだけどね。

　じゃ、また。

メールを下さったのは、『非戦』をいっしょに作った仲間のひとり、田中優さんです。私は「すてき！」とお返事を書いて、もっと教えてください、とお願いしたところ、その「はがき」を見せてくださいました。これいいな〜。

　今回のお歳暮では、棚田から届いたお米をうちで梱包し直して、もう一度郵送料をかけて送りました。もし棚田から、現物のお米の代わりに、こんなはがきをもらったら、このはがきをお歳暮として送ることができる。好きなときにはがきを出してもらえば、直接送り先が受け取ることができます。もし送り先が望めば、別のお世話になった人にはがきをあげることもできます（頂き物を、自分がお世話になった人に差し上げることもよくありますし）。

　「そうだ、私もつくっちゃお！」と思ったのでした。そして作ってみたのが、こんなはがきです。田中さんたちのアイディアをそのままいただいています。

　http://www.ne.jp/asahi/home/enviro/doc/hagaki

少し読みにくいかもしれないので、念のため、書いてある文を下に。

　　おいしい棚田米のお届け券
　　　この葉書は、新潟県安塚町の棚田で、私が田植えと脱穀をお手伝いさせてもらったお米（2キロ）をお送りすることをお約束するものです。山からの清冽な水が注ぐ棚田のお米は、静かな山の中で鳥たちの歌を子守歌に育ちました。味は折り紙付きです！
　　　この葉書は、あなたのお世話になった方にプレゼントすることができます。この葉書を受け取った方も、また別の方に贈ることができます。最後にお米を受け取ろうと決意された方は、はがきの表に送り先の住所（日本国内に限る）を書いて、投函してください。生きのいいお米を食べていただきたいので、このはがきの有効期間は2002年6月30日です。
　　　ありがとうございます。感謝の気持ちを込めて贈ります。

　そして、いつ、だれからだれにこのはがきが渡ったかを書く欄があります。はがきの表には、私の手書きで私の住所が書いてあります（だから偽造できま

せん)。そして、請求者の送り先を書く欄があります。

　うちに届く安塚・棚田からの雪中貯蔵されて美味しいままのお米(2キロ入り)を贈ります、という「引換券」ですね。でもこの引換券は、だれからだれに渡ってもいいのですね。偽造防止も工夫もされています。

　田中さんが最初に書いていらっしゃるように、農作物などを作っている場合は、「購入予約」という形で、先払い代金と引き替えに、このようなはがきを発行し、作物を渡せるタイミングで請求してもらうことができるでしょう。はがきという債権を「買った」人は、もちろん自分で請求してもいいし、別の人にあげてもいい。作物が届くまでの間、そのはがきがどんな人々の手を渡ることになるのか、考えただけでも楽しくなります(たいていは笑顔といっしょ、でしょうね!)。人の手を渡りながら、さりげなく「商品」と、こんなお金でもモノでもない楽しいやりとりがあるんだね〜、とPRしてくれるかもしれません。

　うちに届いた段ボールに、2キロ袋があと10個ちょっとあるのを確認して、このはがきを10枚、プリントアウトしました。念のため、はがきに通し番号を振って、最初にどなたに差し上げたか、メモ帳につけておくことにします。そして、毎月届くたびに、新しい10袋には手をつけないようにして(^^;)、いつはがきが来ても送り出せるようにしておきましょう。でも、お米があまり古くならないように、有効期限は6月末日。

　言ってみれば、数ヶ月だけ有効、限定10枚発行の「個人通貨」ですね!(^^;)。「通貨」が、「交換の手段」であるなら、「ありがとう」の思いを交換する手段でもいいし、そのために、国家通貨(円)でない、こういうはがきを個人が勝手に作って渡してもいいのですよね〜。田中さんから本当に素敵なアイディアをいただきました!

　「エダヒロ棚田米通貨」、第1号は田中優さんに贈ります!

　……ここまで書いて、田中優さんに「問題点がないかチェックしてください」とお願いしました。田中さん、この最後の行のところに書き込んで曰く、「これで問題点を見つけました。私は誰かに譲る前に、自分で食べてしまいそうだと

いうこと、つまり流通の可能性が意外と低くなりそうです！」だそうです！
　送った翌日ぐらいに請求が来たりして……。(^^;)

➤ あとがき

　何だかとても不思議な気がしています。「思いつきで」環境メールニュースの無料配信を始めてから、2年と数ヶ月しかたっていませんが、「メールニュースを始めるまえは、私は何をやっていたんだろう？」と思うほど、自分にとって大切な部分となってきました。

　いまは昔（？）、1999年11月4日に、20人弱の読者に宛てて第1号を配信しました。1年後の2000年11月に、それまでのメールニュースを編集した『エコ・ネットワーキング！』を出版してもらいました。そして、その続編ともいえる本書を用意している現在、号数は700号に近づきつつあります。登録者数は3300人を超え、特に宣伝もしていないのに、1日約10人のペースで増え続けています。

　これは、どういうことなのだろう？？？

　ひとつには、まぎれもなく、「私は書くのが大好き！」ということなのですが(^^;)、それ以上に、「書きたいこと、紹介したいこと」が目白押しで、一つ書けば二つも三つも次に書きたいことが出てくる、"芋づるニュースの畑"に私はいるらしい、ということです。

　昔から公害問題はありましたが、いわゆる「地球環境問題」は、比較的新しい分野です。「温暖化」だの「オゾン層」だの、私たちが子どもの頃には（いえ、学生の頃だって）"日常語"ではありませんでした。ごく限られた専門家や科学者の分野でした。

　それが、地球環境のすさまじい悪化が明らかになるにつれて、また、その原因が、私たち一人ひとりの生活や経済活動に存在することがわかるにつれて、「みんなの問題」になってきました。「あの工場からの排水が原因だ」という公害型ではない、「全員が被害者、全員が加害者」という問題だからです。

このように「新しい分野」であることと、「みんなの問題」であることから、私のように、環境を専攻したわけでもない人間が、自分の興味と関心の導くままに勉強し、現場を見せてもらったり、いろいろな人に教えてもらうことができる。そして、そこで考えたことや感じることを発信しているメールニュースを、たくさんの方が読んで下さり、フィードバックや情報を寄せて、私の勉強を手助けして下さっているのでしょう。

　私の専攻は教育心理学で、カウンセリングを専攻していました。人のこころも地球環境も、"本当はひとつのもの"が効率や競争のために細分化されたときに、傷つくのではないかな……。人のこころも地球環境も、あまりに成長ばかりを求め、何かに追われるように、大切なものとのつながりを断ってしまったときに、すさむのではないかな……。

　家族とのつながり、近所や知り合いとのつながり、自然とのつながり、大地や地球とのつながり、そして、自分自身とのつながり。その分断されてしまったつながりを、もう一度思い出し、取り戻すためのひとつのきっかけが「環境問題」なんじゃないかな。私はこんなふうに思うようになりました。

　うれしいことに、日本にも世界にも、あちこちで、わくわくした取り組みが始まっています。技術や制度、企業の活動や私たちの暮らし方、そして、その根っこにある考え方や思い——。

　それにしても、この「わくわく」を少しでも伝えたい！ いっしょにわくわくしたい！ という思いが強すぎるのかなあ〜と思いつつ、まったく反省せず、相変わらずのマイペース（私の場合は、多すぎるペース、という意味）でニュースを書き続けている私です(^^;)。

本書は、前書『エコ・ネットワーキング！』に掲載していないニュースから、さまざまな分野の根底に共通して流れている「考え方」や「物の見方」を取り上げているものを中心に選びました。エッセイ的なものが多いので、環境問題は初めて、という方にも読んでいただければうれしいです。レイアウトも読みやすく工夫してもらいました。

　当初、この本は2001年の晩秋に出す予定でした。夏に作業を進め、「さあ、本腰を入れよう！」という頃に、9.11が起こりましたが、アメリカを中心にアフガニスタン戦争への傾斜が加速するなかで、私はメール交換をしていた坂本龍一さんと情報交換のためのMLをつくり、そのグループで、『非戦』（幻冬舎）を緊急出版する作業に時間を費やすことになりました。

　本書の発行はその分遅れてしまいましたが（そして、2001年3月にニュースに流した「地球の人口が100人だったら」を書名にしようという計画を変更することになりましたが）、世界から発信されるテロ／戦争の情報や論考を読み、仲間と議論するなかで、「地球環境問題と、このテロ／戦争の問題は、根っこがまったく同じ」だと痛感するようになりました。そして、地球環境のためにも、真の世界平和のためにも、一人ひとりが人間らしく生きるためにも、「それぞれの地域が、エネルギーも食糧も、できるだけ自給自足できるようになること、地域での小さな循環の環をたくさん作っていくこと」が解決への道ではないか、と思っています。

　坂本龍一さんが、心温まる本当に素敵な序文を寄せて下さいました。坂本さんには、昨年のアースデーで初めてお会いし、ご挨拶したところ、「読んでます

よ」と言われて目がテンになったのですが、かなり前からニュースを読んで下さっているそうです（全然知らなかった！ ^^;)。その坂本さんに序文を書いていただけて幸せです。

　ニュースを読んで下さる方々、情報やコメントを下さる方々、様々な取り組みにつなげて下さる方々、新しい活動の場面を提供して下さる方々、そして、私のメンターであるレスター・ブラウン氏（アースポリシー研究所所長、ワールドウォッチ研究所理事）やジャーナリストの師である三橋規宏氏（千葉商科大学教授）など、たくさんの方々のおかげで、本書ができました。そしていつもながら、好きなことを好きなようにやっている私（朝2時起きも含めて！ ^^;)を温かく見守り支えてくれている家族に多謝！

　「あなたのニュースはどこまで行くんでしょうね？」と聞かれます。「さあ？」と私。「サザエさんを抜くぐらい出して下さい」と言って下さる方もいて、「いや〜、ずっこけぶりは負けてないんだけど〜」と私(^^;)。
　新しい取り組みや素敵な出会いを追いかけて、「♪はだしで駆けてく〜♪」毎日は、当分続きそうです。(^^;)

2002年3月

枝廣淳子

エコ・ネットワーキング！ 目次

第3刷り出来！

- 序文　レスター・ブラウン
- まえがき

第1章　通訳は今日もゆく
- 『地球白書』テレビ番組 [No.6]
- パキスタン人の運転手さん [No.7]
- テッド・ターナー氏 [No.8]
- 機内にて、環境報告書雑感 [No.10]
- 車社会 沖縄 [No.12]
- 環日本海環境協力会議 [No.13]
- 環境を考える経済人の会21、水俣市長のお話 [No.17]
- ワールドウォッチ研究所 [No.20]
- 半導体セミナーにて [No.30]
- 『地球白書2000年版』[No.66]
- ワールドウォッチ研究所　ブリーフィング参加記：前編 [No.67]
- ワールドウォッチ研究所　ブリーフィング参加記：後編 [No.68]
- リレー通訳 [No.85]
- 有機農場訪問記 [No.105]
- 渡り鳥に会いに [No.118]
- 中国の地球温暖化対策 [No.134]
- 世界初の燃料電池タクシー試乗記 [No.155]
- ドイツの新エネルギー法と市場創出 [No.158]
- 携帯電話とカエル跳び [No.159]
- 新ワールドウォッチ研究所と、教科書に載った環境 [No.165]
- ハノイ旅行記 [No.172]
- ベトナムのニュースより [No.173]
- 身土不二 [No.177]
- 富山の売薬資料館で学んだこと [No.212]
- 富山の薬売り [No.232]
- フューチャー500と、日本人のチームワーク [No.250]

第2章　日本の現形（すがた）、地球の今
- 棚田 [No.54]
- 棚田のつづきと、大江戸事情 [No.55]
- 棚田のつづき その2 [No.59]
- 棚田のつづき その3 [No.143]

間伐材と林業 [No.84]
シベリアのタイガの破壊を止められるか [No.104]
シベリアの森林問題セミナー参加記 [No.106]
山の感謝祭での講演会 [No.108]
森林問題のつづき [No.111]
やった！ 国内初「森林認証」取得 [No.119]
森林認証と技術移転 [No.124]
森林認証のつづき [No.125]
グリーンピースの抗議活動──北洋材のゆくえ [No.216]
北洋材を扱う製材屋さんとのやりとり [No.225]
血を流す島 [No.136]
オロロン鳥 [No.64]
気候変動と保険業界 [No.4]
里地と地球温暖化対策 [No.89]
世界の氷が消える日 [No.127]
すでに始まっている社内排出権取引 [No.130]
世界の氷が消えていく──体験談 [No.133]
気候変動に関する政府間パネル (IPCC) の第二次評価報告書 [No.199]
鳥取の湖山池 [No.137]
湖山池の問題　ふたたび [No.150]
心配な湖山池 [No.263]
プラスチックの話2つ [No.99]
ペットボトルはペットにあらずの巻 [No.122]
ペットボトルのリサイクル工場で知ったこと [No.279]
環境ホルモン [No.33]
環境ホルモンの余談 [No.34]
千枚田と、川の話 [No.246]

第3章　問題の「根っこ」と、解決への方向・ヒント・考え方

地球環境問題　まとめ [No.50]
地球環境問題　原因 [No.51]
地球環境問題　人口と豊かさについて [No.52]
地球環境問題　経済の変革 [No.53]
タマネギと電気の関係 [No.29]
仕組みづくりの話 [No.58]
ゼロエミッション [No.91]
ゼロエミッション　つづき [No.92]
資源生産性と「本当の豊かさ」 [No.94]
功利主義を超えて [No.97]
LCAとBWA (ビジネスワイド・アセスメント) [No.113]
環境調停者 [No.152]
環境調停者　ふたたび [No.174]
「エコ」って？ [No.163]
環境教育について [No.203]

- ファクター4・ファクター10について [No.204]
- 環境問題に取り組むために [No.231]
- 「循環型社会」ってなあに？ [No.239]
- 循環型社会について　ふたたび [No.255]
- 「循環型社会」「もったいない」は英語になるか？ [No.72]
- 「もったいない」を英語にすると？ [No.74]
- 日本青年会議所のMOTTAINAI運動 [No.75]
- もったいない　つづき [No.79]
- もったいない　つづき その2 [No.80]
- 山川草木悉有佛性 [No.93]
- 竜安寺のつくばい [No.109]
- モノを長く使い続けることの比較文化 [No.110]
- ヨーロッパの捨てない文化とよろず屋さん [No.120]
- 埃まみれの「物体」を誇りある「もったい」に [No.123]
- もったいない考 [No.224]
- もったいない、チェロキーインディアン、そして線香花火 [No.240]
- レスター・ウィーク [No.175]
- ビジョンともったいない [No.176]
- ビジョンの意味 [No.178]
- 岩手県の増田知事 [No.179]
- ビジョン　つづき [No.181]
- ビジョン　つづき その2 [No.184]
- コミュニケーションについて [No.186]

第4章　エコな企業が躍進する時代

- 富山の鱒寿司屋さん [No.28]
- 鳥取の「かにめし」 [No.145]
- グリーンコンシューマー [No.147]
- エコ・スリッパ誕生 [No.233]
- ISO14001取得状況 [No.1]
- ISO情報：アイソス [No.16]
- ナチュラル・ステップ [No.2]
- ナチュラル・ステップとISO14001 [No.183]
- ISO14001の改定と原点 [No.205]
- ISO14001の原点——楢崎氏のお話 [No.207]
- ISO14001を最大限活かすために——環境マネジメントシステムの真の力 [No.208]
- チェンジング・コース [No.210]
- ISO14001と環境情報開示 [No.221]
- ナチュラル・ステップとISO14001、企業での取り組み [No.227]
- 環境報告書 [No.9]
- エコラベルと環境税はなぜ必要か [No.21]
- GRIシンポジウム報告記 [No.37]
- GRIシンポジウム雑感 [No.38]
- 「環境経営」が「経営」になる日をめざして [No.237]

環境報告書のどこを見る？ [No.253]
環境報告書とGRIガイドライン [No.259]
グリーン購入ネットワークへのお誘い [No.169]
グリーン購入ネットワークの購入ガイドライン [No. 195]
早い！安い！うまい！　環境活動評価プログラム [No.229]
環境活動評価プログラムをいっしょにやりましょう [No.230]
「今すぐできる環境マネジメントシステム」セミナー報告記 [No.254]
エコファンド [No.39]
エコファンド　つづき [No.40]
エコファンド　つづき その2 [No.43]
金融と環境 [No.47]
エコファンドに関する取材の報告 [No.87]
エコファンドの現状と、荏原製作所への対応 [No.151]
エコファンド　ふたたび [No.153]
エコファンド、指標、そして仕組みづくり [No.157]
エコファンドとエコバンク [No.168]
環境白書に初登場のエコファンド [No.191]

第5章　風は地方から──変わる自治体、元気な市民、そして新しいコラボレーション

東京都産業振興ビジョン [No.144]
ダイナモ：住民が主体者となる新しい政策形成モデル [No.146]
ダイナモの内側に迫る！ [No.200]
燃料電池実用化物語 [No.36]
鎌倉市の取り組み [No.135]
山梨県の「グリーン購入」の取り組み [No.138]
市民の市民による市民のための発電所 [No.139]
NPOに愛を込めて！ [No.162]
エコマネー [No.167]
持続可能な都市へのチャレンジと国際環境自治体協議会 [No.196]
環境NPOとCSO [No.202]
うるさい市民を増やすには [No.215]
寒い寒い帯広の熱い熱い動き：北の屋台で町の活性化を！ [No.220]
屋台、そして投げ銭 [No.222]
カーシェアリング [No.160]
カーシェアリング　つづき [No.206]
カーシェアリングの追加情報と、クルマ・交通と環境 [No.214]
シェアリングの時代 [No.223]
持続可能なモビリティへ向けて [No.228]
エピローグ／カエルのお話を二つ [No.31]
あとがき／自己紹介 [No.49]
INDEX

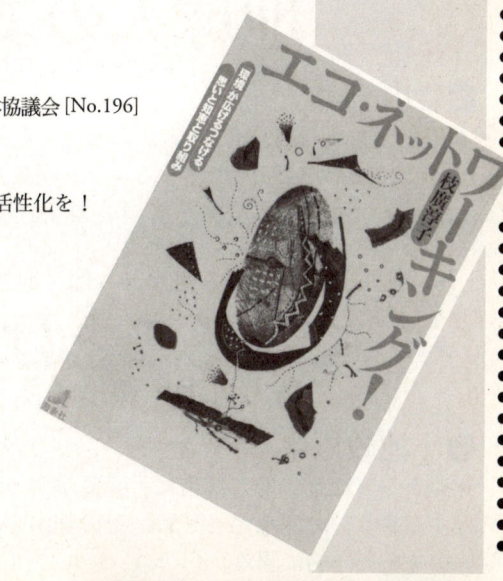

【増刷出来／好評発売中！】
普段着の「社会システム」、新しいビジネスのヒント

みんなのNPO
組織づくり・お金づくり・人づくり
●スミス・バックリン・アンド・アソシエイツ著／枝廣淳子訳

NPO先進国アメリカのNPO支援専門会社が、50年以上のノウハウを事細かにマニュアル化した、すぐに役立つ「非営利組織運営の完全ガイドブック」。

本体2,800円（税別）・A5判上製・392頁・ISBN4-907717-01-6

はじまりは[ひとりの力]

パワー・オブ・ワン
次なる産業革命への7つの挑戦
●レイ・アンダーソン著　枝廣淳子・河田裕子訳

環境によいことをする企業は成功する！世界最大のカーペットメーカー、インターフェイス社の会長兼CEOである著者が書いた、産業廃棄物に対する世界規模の戦い。希望と勇気がわいてくる感動の"叙事詩"。

本体1,500円（税別）・A5判並製・256頁・ISBN4-907717-71-7

第2333回　日本図書館協会選定図書
「票ほしさのご機嫌伺いこそが民主政治を滅ぼす」ジャーナリスト宰相
石橋湛山を彷彿とさせる100万人といえどもわれゆかんの正論

地球人のまちづくり
──わたしの市民政治論──
●竹内　謙 著

50代の天機に、朝日新聞記者から転身した環境派前鎌倉市長の体験的市民政治論。市民政治が、がぜん面白くなるコラム満載！

本体1,500円（税別）・A5判並製・248頁・ISBN4-907717-60-1

首長にやる気があれば、地方は見違えるほど変わる

できることはすぐやる！
──三島の再生・環境ルネッサンスをめざして──
●小池政臣 著

沈滞ムード漂う一地方都市に、元気が戻ったのはどうしてなのか？　できることはすぐやり、できないことは、その理由を考える！　すぐやる三島現市長が元気の中味を具体的に語る。

本体1,200円（税別）・A5判並製・180頁・ISBN4-907717-61-X

海象ブックレット

地球温暖化読本
——京都議定書の批准から地球市民としての取り組みまで——
松下和夫

地球温暖化問題の仕組み、国際的取り組みの流れ、対策（特に、今後検討すべき温暖化対策の政策の組み合わせ）、暮らしとの関わりを述べる。

ISBN4-907717-83-01　C0336　本体価格510円+税

目次　1. 地球温暖化問題とは　2. 地球温暖化問題への国際的取り組み
　　　3. 地球温暖化対策　4. 地球市民として

国連大学ゼロエミッションフォーラム・ブックレットシリーズ

ゼロエミッションのガイドライン
——廃棄物のない経済社会を求めて——
三橋規宏

資源循環型の経済システムに転換させていくための有力な手段としてゼロエミッションを提案する。

ISBN4-907717-80-6　C0336　本体価格510円+税

目次　1. ゼロエミッションの提案
　　　2. 地域のゼロエミッションガイドライン

環境経営の実践マニュアル
——ISO14001からゼロエミッションまで——
山路敬三

環境経営を成功させるための実践的手順を、製造業を中心にポジションマップから説き起こす。

ISBN4-907717-81-4　C0336　本体価格510円+税

目次　1. 環境経営の必要条件
　　　2. 製造業における環境経営のポジションマップ

資源採掘から環境問題を考える
——資源生産性の高い経済社会に向けて——
谷口正次

地球環境問題を資源問題からとらえ資源生産性向上の必要性を説き、それを阻むものを明らかにする。

ISBN4-907717-82-2　C0336　本体価格510円+税

目次　1. 地球環境と資源　2. 資源生産性向上の必要性
　　　3. 資源の生産性向上を阻むもの　付録「カヌール声明」

地球のセーターってなあに？
地球環境のいまと、これからの私たち

2002年5月28日 初版発行

著者	枝廣淳子
発行人	山田一志
発行所	株式会社 海象社
	郵便番号112-0012
	東京都文京区大塚4-51-3-303
	電話03-5977-8690　FAX03-5977-8691
	http://www.kaizosha.co.jp
	振替00170-1-90145
組版	[オルタ社会システム研究所]
装丁	鈴木一誌＋仁川範子
イラスト	佐藤　省
カバー印刷	凸版印刷株式会社
印刷	株式会社 フクイン
製本	田中製本印刷株式会社

© Jyunko Edahiro
Printed in Japan
ISBN4-907717-72-5 C2030

乱丁・落丁本はお取り替えいたします。定価はカバーに表示してあります。

※この本は、本文には古紙100％の再生紙と大豆油インクを使い、表紙カバーは環境に配慮したテクノフ加工としました。